BIBLIOTHÈQUE DU CULTIVATEUR
PUBLIÉE
AVEC LE CONCOURS DU MINISTRE DE L'AGRICULTURE

BASSE-COUR

PIGEONS ET LAPINS

PAR MME MILLET-ROBINET

Auteur de la *Maison rustique des Dames.*

QUATRIÈME ÉDITION

PARIS. — LIBRAIRIE AGRICOLE DE LA MAISON RUSTIQUE
26, RUE JACOB, 26

BASSE-COUR

PIGEONS ET LAPINS

PARIS. — IMP. SIMON RAÇON ET COMP., RUE D'ERFURTH, 1.

BIBLIOTHÈQUE DU CULTIVATEUR

PUBLIÉE

AVEC LE CONCOURS DU MINISTRE DE L'AGRICULTURE

BASSE-COUR

PIGEONS ET LAPINS

PAR

Mme MILLET-ROBINET

AUTEUR DE LA MAISON RUSTIQUE DES DAMES

QUATRIÈME ÉDITION

PARIS

LIBRAIRIE AGRICOLE DE LA MAISON RUSTIQUE

26, RUE JACOB, 26

1858

INTRODUCTION

L'éducation des oiseaux de basse-cour est une branche assez importante de l'économie rurale et tout à fait du domaine d'une ménagère. Les produits de cette industrie récompensent amplement des soins qu'elle exige. Une basse-cour bien dirigée peut fournir à la consommation de la famille et subvenir en partie aux frais du ménage; mais, pour obtenir de tels résultats, une surveillance active et continuelle, un bon mode d'élevage et l'économie la plus sévère sont indispensables.

Il faut se contenter des ressources qu'offrent la localité et l'exploitation, et de celles qu'on peut se créer, sans faire des frais qui dépasseraient le profit; car, avant tout, c'est le produit net qu'il faut considérer. Si l'élevage des volailles est souvent plus lucratif en petit qu'en grand, c'est que, pour une petite basse-cour, on trouve une foule de ressources naturelles qui viennent grandement en aide à la ménagère et qui ne suffiraient plus dans une grande exploitation; ainsi, dans une petite métairie où on élève quarante ou cinquante volailles, elles se nourrissent une grande partie de l'année des insectes et des graines de la basse-cour et du voisinage; tandis que dans une grande ferme, où le nombre des élèves s'élève à deux ou trois cents, ces ressources n'augmentant pas dans la même proportion, il faut pourvoir à la nourriture de la basse-cour pendant un plus long espace de temps.

L'élevage des oiseaux de basse-cour n'est profitable qu'autant qu'on peut les nourrir, en grande partie du moins, avec des aliments d'une très-faible valeur ou qui ne peuvent être employés à aucun autre usage. S'il fallait toute l'année nourrir des volailles avec des grains ayant une valeur commerciale, on verrait que le compte de la basse-cour, s'il était tenu avec exactitude, se balancerait en perte.

Je n'en conclus cependant pas qu'on ne peut employer avec avantage, à la nourriture des volailles, des grains ou des aliments d'une certaine valeur; mais ils ne doivent être employés que comme complément ou pour l'engraissement, et encore faut-il faire un choix judicieux de ces denrées, et cultiver de préférence certaines plantes qui coûtent peu et conviennent particulièrement à cette destination.

A plus forte raison, je dois dire que l'élevage des volailles dans une cour ou un enclos *fermés* ne peut être que fort onéreux, et ne convient qu'à des gens qui élèvent des volailles dans un but d'amusement, ou des races de choix dont on peut vendre les élèves à un prix élevé.

Il importe beaucoup de faire un choix dans les espèces qu'on veut élever; car telle localité convient aux poules et pas aux canards, aux oies et pas aux dindons. On doit faire entrer aussi en considération la facilité des débouchés. Ainsi, il sera avantageux d'étendre l'élevage des volailles près des grandes villes, où leur nourriture ne coûte pas plus cher qu'ailleurs, et où leur vente donne beaucoup plus de profit.

Il faut aussi considérer la proximité ou l'éloignement des récoltes que les volailles peuvent endommager. Dans certains cas, les dégâts dépassent le profit qu'on peut obtenir. Si la basse-cour est entourée de terres et de récoltes dans lesquelles les volailles peuvent faire des dommages, il convient même de fermer cette basse-cour à certaines époques. Cette condition est assez difficile à remplir : cependant elle devient indispensable si l'on donne une certaine extension à l'élevage.

En général, il est très-utile que les volailles habitent la cour occupée par les écuries et le fumier; elles y trouvent une foule de graines et d'insectes qui servent grandement à leur nourriture, et dont, en même temps, elles purgent le fumier, ce qui est aussi fort avantageux : de plus, la chaleur qu'elles y trouvent, chaque fois qu'elles en éprouvent le besoin, leur est extrêmement utile.

Je sais que cette communauté a quelques inconvénients, parce qu'il s'échappe du corps des volailles des petites plumes qui peuvent s'introduire dans les voies respiratoires des quadrupèdes et causer des accidents très-graves; mais heureusement ces cas ne sont pas fréquents, et d'ailleurs la vie des hommes, comme celle des animaux, est sans cesse entourée d'une foule de périls auxquels quelques-uns succombent et que le grand nombre évite. Il est impossible de ne pas s'y exposer.

Les volailles, les poules surtout, font bien quelque tort au fumier en le grattant et en l'écartant du tas; mais il est très-facile de parer à cet inconvénient en plaçant le fumier dans une fosse appropriée à cet usage, comme cela doit être dans une exploitation bien dirigée, ce qui offre le double avantage d'éviter l'inconvénient dont je parle et d'augmenter la qualité du fumier.

Les principaux oiseaux de basse-cour sont les poules, les dindons, les oies, les canards et les pigeons. C'est principalement sur ces cinq espèces d'oiseaux que doivent opérer ceux dont le but est de faire une spéculation lucrative. Cependant des essais ont été tentés avec plus ou moins de succès pour conquérir d'autres espèces à l'économie domestique, et nous dirons comment il est possible d'élever des faisans, des perdrix, des cailles et des pintades. A ces oiseaux on pourrait ajouter le cygne, qui peut nous offrir une assez grande ressource par sa chair et par son duvet, et qui jusqu'ici n'a été élevé en France que comme oiseau de luxe, pour faire l'ornement des pièces d'eau; enfin le paon, dont la chair est assez délicate dans son jeune âge, et qui, par l'élégance et la richesse de son plumage, est la plus magnifique parure d'une basse-cour, mais qui a l'inconvénient de faire une guerre acharnée aux autres volailles et de pousser des cris affreux. Je dirai aussi un mot de quelques espèces nouvelles que nous devons surtout aux efforts persévérants de M. Geoffroy Saint-Hilaire, comme le hocco, l'agami, le marail et le goura.

Je m'efforcerai donc de réunir dans cet ouvrage tous les moyens qu'une expérience éclairée a consacrés pour élever avec profit tous ces animaux précieux. J'ose espérer que mes avis seront de quelque utilité aux ménagères qui auront assez de confiance en moi pour les écouter. C'est dans la même intention que je joindrai à ces instructions quelques détails sur l'incubation artificielle, bien que, dans mon opinion, ce mode d'éclosion ne puisse être exploité avec avantage qu'en grand et dans des circonstances toutes particulières. Si donc on voulait s'y adonner, il ne faudrait pas s'en tenir à mes instructions, mais aller visiter les grands établissements de ce genre, et chercher à imiter ce qu'on y trouvera de bon, tout en évitant les fautes que la pratique a pu faire découvrir dans l'établissement qu'on aura pris pour modèle.

Je donnerai aussi un travail spécial sur l'éducation des lapins, bien que la loi actuelle sur la chasse doive restreindre beaucoup leur éducation, puisque, dans certains départements, il n'est possible de vendre les produits d'un clapier que dans le temps où la chasse est permise, et que, par suite, ils ne peuvent, hors de ce temps, être utilisés que dans le ménage du propriétaire.

Je n'ai point la prétention de donner dans cet ouvrage beaucoup de choses nouvelles; il y en a peu à dire sur un sujet aussi connu; mon traité n'est guère que la réunion des meilleurs procédés d'élevage et d'engraissement usités dans les contrées de la France où l'on se livre avec le plus de succès à l'éducation des oiseaux de basse-cour. Cependant mon expérience m'a permis de faire quelques bonnes observations, de pratiquer quelques procédés économiques et profitables qui ne sont pas encore assez connus; bien que j'en aie parlé succinctement dans ma *Maison rustique des Dames*, je vais les exposer ici avec toute l'étendue que comporte un traité spécial.

Au moyen de cet ouvrage, chaque ménagère pourra ainsi ajouter à son propre savoir celui des autres, perfectionner sa méthode et éviter bien des écueils.

J'ai surtout écrit au point de vue de l'*économie agricole*. Je ne me suis pas contentée de dire comment les oiseaux de basse-cour doivent être élevés par les ménagères qui ne voient dans leur élevage qu'un amusement : mon but a été surtout d'établir avec précision le produit *net* qu'on peut en tirer. Il reste certainement bien des choses à dire sur cet intéressant sujet, mais j'ai la conviction qu'on peut se fier à mes conseils, sans craindre de commettre des erreurs ou de s'engager dans des dépenses stériles.

BASSE-COUR

PIGEONS ET LAPINS

PREMIÈRE PARTIE

LA POULE ET LE COQ

Les volailles et les œufs entrent pour une part importante dans l'alimentation générale. Je n'ai pas de données précises sur les quantités que la France en produit et consomme, mais je sais par les tableaux officiels qu'en 1853 Paris a consommé 174 millions d'œufs et près de 11 millions de kilogrammes de volailles.

Les comptes rendus de l'administration des douanes nous apprennent aussi qu'en 1855 notre importation d'œufs en Angleterre a été d'environ 8 millions de kilogrammes d'œufs, ce qui, à raison de 50 grammes, poids moyen de chaque œuf, forme un total de 160 millions d'œufs, dont la valeur, à raison de 5 centimes l'œuf, soit de 1 fr. le kilog., est de 8 millions de francs. Si l'on admet avec M. Dailly qu'une poule ponde 90 œufs en moyenne pendant les cinq premières années de sa vie (ce que je crois exagéré), on trouve que cette exportation est le produit d'environ 1,800,000 poules. L'Angleterre est donc pour ce produit de l'industrie des femmes de nos cultivateurs un marché presque aussi considérable que Paris, et leur paye, chaque année, un tribut de 8 millions de francs.

Aussi l'Angleterre cherche-t-elle, depuis quelques années surtout, à se soustraire au tribut annuel qu'elle nous paye, et c'est dans ce but que les Sociétés d'agriculture anglaises encouragent par des expositions fréquentes et des prix considérables les propriétaires des meilleures races de poules.

On sait que le prince Albert, le mari de la reine d'Angleterre, s'est mis à la tête de ce mouvement.

Ces efforts pourraient influer d'une façon fâcheuse sur notre exportation, si nous ne nous décidions résolûment à suivre le progrès qui s'est produit en Angleterre.

Notre gouvernement et nos Sociétés d'agriculture sont entrés enfin dans cette voie, et, dans nos derniers concours généraux et régionaux d'animaux reproducteurs, des prix ont été attribués aux belles poules comme aux beaux bœufs et aux beaux moutons.

Depuis 1855 l'impulsion est donnée. On comprend qu'il faut varier la nourriture de l'homme pour assurer sa santé, que les ouvriers n'ont pas moins besoin que les riches de manger un œuf frais ou une volaille, et que la *poule au pot* ne peut pas être toujours un idéal inaccessible pour le paysan qui la produit. Toutefois bien des gens font fausse route, en ce sens qu'ils vont demander à l'étranger et à des prix très-élevés ce qu'ils ont chez eux à bas prix. Pourquoi payer 1,000 fr., 1,500 fr. et même 2,500 fr. un coq et une poule dorking, quand pour quelques francs on peut trouver dans une foule de basse-cours bien conduites un coq ou une poule des meilleures races françaises, quand on n'a qu'à choisir entre nos excellentes races de Crèvecœur, de Houdan, de Bresse, du Mans? D'ailleurs, on se laisse souvent séduire par certaines qualités d'une race étrangère, puis l'expérience en révèle les défauts.

Par exemple, on s'est engoué de la race cochinchinoise, qui certes a de bonnes qualités, qui donne beaucoup d'œufs à une époque tardive de l'année et couve bien, mais qui a le grand inconvénient de fournir une chair médiocre, et qui consomme une quantité de nourriture hors de proportion avec les produits qu'on en obtient.

On s'engoue aujourd'hui des dorking comme on s'était engoué des cochinchinois, et sans les mieux connaître. Je ne proscris pas d'une manière absolue les races étrangères, je pense qu'on peut les croiser utilement avec certaines de nos races, qu'on doterait ainsi de qualités précieuses qui leur manquent; mais je proteste contre tout entraînement irréfléchi, et je veux mettre mes lecteurs en garde contre des dépenses exagérées et stériles.

CHAPITRE PREMIER

RACES FRANÇAISES

1. — Race commune.

La race de poules la plus répandue en France est la race appelée commune, qui est un composé de toutes les autres races.

Fig. 1. — Coq et Poule, race commune.

Les poules communes (fig. 1) sont de moyenne grosseur dans les pays où elles sont bien nourries, petites dans ceux où on les nourrit mal; leur plumage est de toutes nuances. Elles sont souvent à demi sauvages, elles volent presque aussi bien que les perdrix, défient toutes les précautions qu'on prend pour s'opposer à leurs dégâts, et ravagent les vergers, les treilles, les semis, en un mot toutes les cultures. Mais, comme en général on ne peut pas calculer ou *mesurer* ce qu'elles mangent et surtout ce qu'elles gâtent, une foule de bonnes ménagères de campagne qui ont de ces poules se réjouissent en disant : « Mes poules pondent beaucoup et ne coûtent presque rien à nourrir. » L'élevage de ces poules sera certainement rejeté par quiconque aime à se rendre compte des choses, seul moyen de savoir s'il y a perte ou profit dans quelque entreprise que ce soit.

Les poules communes donc, quoique rustiques, bonnes pondeuses et bonnes couveuses, ne sont point celles que je choisirais pour peupler une basse-cour, à moins que l'absence de terres cultivées autour de l'habitation ne permette de les élever sans avoir à supporter leurs dégâts.

2. — Race de Crèvecœur.

Fig. 2. — Poule de Crèvecœur.

La race normande ou picarde, appelée race de Crèvecœur, du nom d'un village du département de l'Oise où on la trouve très-pure, est incontestablement une des meilleures races françaises et la plus répandue après la race commune.

La poule de Crèvecœur (fig. 2) a les jambes courtes et fortes, les membres gros et charnus, le dos large ; ses formes épaisses ont de l'analogie avec celles du bœuf durham, et offrent comme celui-ci de grandes surfaces que remplissent des masses de chair et de graisse.

Le plumage de cette poule est noir ou noir panaché de blanc; elle porte sur la tête une huppe de plumes presque toujours tachetée de blanc; elle a sous le bec une huppe semblable à celle de la tête, mais plus petite. Ses habitudes sont sédentaires, elle est très-rustique et n'a besoin d'autre abri qu'un poulailler ordinaire. Sa chair est succulente. La poularde ou le chapon ordinaire arrivé à graisse pèse de 2 à 3 kilog., et se vend sur les marchés de Paris de 5 à 7 fr.

Elle est bonne pondeuse, ses œufs volumineux pèsent ordinairement 80 grammes, c'est-à-dire une fois et demi le poids des œufs ordinaires, mais elle couve difficilement et casse souvent ses œufs. On a imaginé de faire couver ses œufs par des poules cochinchinoises qui sont d'excellentes couveuses.

Fig. 3. — Coq de Crèvecœur.

Le coq (fig. 3) est fier et superbe, sa tête est richement coiffée d'une huppe abondante qui retombe de chaque côté de la tête. Il a aussi une barbe prononcée sous le bec. Si son plumage est noir, sa collerette et les plumes du croupion sont dorées ; s'il est tacheté de blanc, elles sont comme argentées. Sa crête se divise sur le front en deux pointes qui affectent à peu près la forme d'un croissant. Il a deux pendants de crête.

3. — Race de Houdan.

La race à laquelle le village de Houdan (Seine-et-Oise) a donné son nom a certaines analogies avec la race de Crèvecœur, et ne lui est inférieure en rien.

Fig. 4. — Coq de Houdan.

Le corps est un peu arrondi, et bien développé, solidement posé sur des pattes fortes ; la tête est forte, la crête est triple, transversale dans la direction du bec, dentelée et charnue ; le plumage est caillouté, noir, blanc et jaune-paille ; chez le poulet il est noir et blanc, c'est de nos races françaises celle qui pond le plus grand nombre d'œufs, celle dont la ponte chez les poulettes commence dès le mois de décembre, celle dont on obtient par conséquent le plus de poulets précoces, celle qui est le plus facile a acclimater. Elle atteint ordinairement le poids de 3 kilog.

Fig. 5. — Poule de Houdan.

M. Charles Jacque, le plus compétent de tous les auteurs qui ont écrit sur l'espèce galline, a fait de cette race une excellente description insérée dans le *Journal d'Agriculture pratique* (année 1856, t. VI). Nous y renvoyons nos lecteurs. Nous lui empruntons les figures 4 et 5, représentant un coq et une poule de Houdan.

4. — Race de Barbezieux.

La race de Barbezieux (Charente) est entièrement noire, très-forte, très-basse sur jambe et sans huppe ; sa chair est très-délicate.

5. — Race de Bresse.

La race de Bresse (Ain) est aussi entièrement noire et sans huppe, mais plus petite que la race de Barbezieux.

Ses ailes sont très-charnues, ses os relativement petits ; elle prend facilement la graisse. La poule de Bresse est sédentaire, douce, et ne fait point de ravages.

6. — Race du Mans ou de la Flèche.

Cette race, très-répandue dans la Sarthe et les départements voisins, a beaucoup de ressemblance avec la race de Bresse, et fournit comme elle de délicieuses volailles renommées dans toute l'Europe. Elle ressemble aussi à la race de Crèvecœur, mais elle en diffère par l'absence de huppe ; son plumage est en général noir, parfois moucheté de blanc. Elle atteint vers huit mois toute sa croissance. Elle n'est remarquable ni comme pondeuse ni comme couveuse. Son principal mérite est d'être assez rustique, de prendre la graisse avec une grande facilité, même sans qu'on ait recours au chaponnement, et d'avoir la chair la plus délicate qu'on connaisse.

CHAPITRE II

RACES ÉTRANGÈRES

1. — Race cochinchinoise.

Cette race, originaire de la Cochinchine, a été importée d'Angleterre en France. On en connait cinq variétés, qu'on distingue par les noms de *fauve*, *blanche*, *noire*, *coucou*, *perdrix* ou *rouge*. Cette race est d'une taille très-élevée. Une poule d'un an, non engraissée, pèse de 2 à 3 kilog., et les coqs jusqu'à 5 kilog. La tête de la poule (fig. 6) est relativement petite, sa face est rougeâtre, sa crête est de petite dimension, droite et peu dentelée; le corps est développé, et présente en avant une marque brune; les cuisses sont très-charnues, la queue et les ailes très-courtes, les jambes courtes et garnies de plumes; le plumage est brillant et presque toujours jaunâtre; les œufs sont petits et jaunes.

Fig. 6. — Poule cochinchinoise. Fig. 7. — Coq cochinchinois.

Le coq (fig. 7) présente à peu près les mêmes caractères, mais plus fortement accusés; ses jambes, notamment, sont beaucoup plus longues. Malgré sa force, il est calme et modeste, et ne se livre pas, comme les autres coqs, à de continuels combats.

Cette race a excité, il y a quelques années, un engouement universel. On exaltait sa docilité, ses goûts sédentaires, sa précocité, le développement de sa musculature, ses dispositions continuelles à couver et les soins dont elle entoure ses poussins. Un grand producteur anglais, M. Pouchard, déclarait qu'un petit nombre de poules cochinchinoises lui avait produit en un an plus de bénéfices qu'un troupeau de 600 brebis mères; mais alors les coqs et les poules de Cochinchine étaient fort à la mode, et on les payait à des prix exorbitants.

Il n'en est plus ainsi aujourd'hui qu'il est bien reconnu que, s'il est vrai que la poule cochinchinoise possède réellement les qualités que je viens d'énumérer, il est avéré aussi que sa chair est d'un goût peu agréable, surtout quand elle est rôtie; que ses œufs sont petits, son engraissement lent et difficile, et qu'enfin elle a le défaut très-grand de consommer une quantité de nourriture hors de proportion avec les produits qu'elle donne.

2. — Race dorking.

Cette race, ainsi nommée du mot anglais *Dor*, qui signifie bourdon, et du mot *King*, qui signifie roi (Bourdon du Roi), a eu pour promoteur M. Fischer Hobbs, éleveur plein d'autorité en Angleterre.

M. Fischer a essayé, dit-il, toutes les espèces, et est arrivé à cette conclusion, qu'il n'y en a pas d'aussi convenable aux fermes ordinaires que les dorking. Ils ne demandent point de soins particuliers. Ils sont aussi remarquables par la beauté de leur plumage que par leur précocité, leur poids, leur grosseur extraordinaire et la délicatesse de leur chair. La fig. 8 représente des poules et la fig. 9 représente un coq dorking appartenant à la collection du prince Albert d'Angleterre.

Fig. 8. — Poule dorking.

Je sais combien a de poids l'opinion d'un éleveur aussi éclairé que M. Fischer Hobbs, et cependant je n'hésite pas à conseiller à tous ceux qui ne peuvent se permettre impunément le luxe d'essais coûteux de s'abstenir de l'élève des volailles dorking, jusqu'à ce que l'expérience ait prononcé définitivement sur leurs mérites.

Fig. 9. — Coq dorking.

8. — Race de Brahma-Poutra.

Cette race, originaire des bords du fleuve de Brahma-Poutra, qui traverse le royaume d'Assam, en Asie, est à peine connue en France; mais elle est très-estimée en Angleterre, où elle a été introduite en 1853.

Les coqs de Brahma-Poutra (fig. 10) sont pleins de hardiesse et de fierté, et ont plus de développement encore que les coqs cochinchinois. Leur plumage est plus riche et plus éclatant.

Le coq qui a obtenu le premier prix au concours universel des animaux reproducteurs de Paris pesait près de 5 kilog.; il a été vendu 2,500 francs.

Fig. 10. — Coq de Brahma-Poutra.

Cette race est, dit-on, rustique, bonne pondeuse, bonne couveuse; sa chair est très-abondante et de bonne qualité; mais, avant de conseiller à nos lecteurs d'élever cette race, nous attendrons que les expériences qu'on fait en ce moment en France nous permettent de juger si elle mérite la réputation dont elle jouit en Angleterre.

4. — Race anglaise.

On connaît, en France, sous le nom de race *anglaise*, plusieurs variétés d'une charmante race presque naine (fig. 11), mais qui toutes ont l'avantage de pondre et de couver dans toutes les saisons, de bien élever leurs poussins, de s'engraisser facilement et d'avoir une chair très-délicate. Ce sont ces poules qui donnent les poulets précoces connus sous le nom de poulets *à la Reine*.

Fig. 11. — Poule anglaise.

La poule anglaise est blanche ou d'un jaune mêlé de blanc; elle ressemble à la perdrix rouge, et a presque la délicatesse de sa chair. Elle est pattue, c'est-à-dire qu'elle a des plumes jusque sur les ergots; elle est basse sur jambes. Elle est assez sédentaire, mais gratte beaucoup, sans cependant faire de grands dégâts. Ses œufs ne sont guère plus gros que des œufs de pigeon. On l'emploie à couver les œufs de faisan et de perdrix. Elle est si douce, elle manie avec tant de délicatesse les œufs qui lui sont confiés, que ces éducations réussissent presque toujours.

Il y a une charmante variété de cette race, à pattes non pattues. La voix des coqs n'a rien d'éclatant, les poules sont très-familières, accourent au moindre appel d'une voix amie, suivent facilement les gens qui les aiment, perchent à côté d'eux sur des branches et leur mangent dans la main. Ces poules ne *grattent* pas, ce qui permet de les élever dans les jardins. Elles sont en ce moment d'un prix très-élevé; j'ai vu plusieurs poules de cette race dans un jardin de Paris, elles étaient toutes blanches.

5. — Race de Padoue ou de Pologne.

Fig. 12. — Coq et Poule de Padoue.

La race de Padoue (fig. 12) se distingue des autres races par une huppe d'une couleur toujours différente du reste du plumage. Elle est noire si le plumage est blanc, elle est blanche si le plumage est noir. Sa crête est double, et forme à la base du bec une sorte de collerette. On en connaît cinq variétés : *noire, blanche, chamois, dorée, argentée.*

Elle pond beaucoup d'œufs, mais couve mal. Les œufs sont très-blancs, et ne pèsent pas, en moyenne, plus de 50 grammes, tandis que les œufs de la poule de Crèvecœur atteignent, en moyenne, le poids de 80 grammes. Les poussins se couvrent tardivement de plumes, ce qui les rend délicats et oblige à leur donner des soins incessants, surtout lorsqu'ils éclosent par des temps froids et humides.

On se demandera comment tous ces inconvénients n'ont pas fait renoncer à l'élève de la poule de Padoue. On le comprendra mieux lorsqu'on saura qu'elle est précoce, qu'elle termine sa croissance vers huit mois, qu'elle s'engraisse facilement et atteint un poids de 2 à 3 kilog.; que sa chair est fine, blanche et très-délicate.

Le coq adulte a $0^m,50$ à $0^m,60$ de haut, la poule, de $0^m,40$ à $0^m,50$.

On est souvent obligé de faire couver les œufs des poules de Padoue par des poules meilleures couveuses.

6. — Race de Bruges ou d'Ypres.

Elle est rustique et bonne pondeuse ; sa ponte commence au mois de janvier et se prolonge jusqu'au mois de septembre, ses œufs sont d'une grosseur remarquable. Elle éprouve rarement le besoin de couver ; mais, quand elle s'y décide, elle couve bien et a grand soin de ses poussins.

7. — Race de la Campine.

La poule de la Campine, ainsi appelée du nom de la contrée belge dont elle est originaire, est d'une taille moins élevée que les poules ordinaires. Son plumage est constamment tigré de noir et de blanc. Elle est rustique, peu friande, bonne pondeuse et bonne couveuse, elle s'élève facilement, prend promptement la graisse, et sa chair est très-délicate.

8. — Race russe ou rousse.

La poule russe est très-haute sur jambes, fort grosse ; mais sa grosseur tient plus aux dimensions de sa charpente qu'à l'abondance de sa chair; elle est mal emplumée, et, par suite, frileuse. Elle est douce, mais médiocre couveuse; ses œufs sont petits, ses poussins sont très-difficiles à élever. On a renoncé avec raison à élever cette race en France.

9. — Race espagnole ou de combat.

La race espagnole est une race de luxe, qui ne convient dans une ferme ni pour la production des œufs, qui est fort limitée, ni pour la chair, qui est médiocre. C'est une race de combat qui n'est bonne qu'à faire gagner ou perdre des paris.

Fig. 15. — Coq espagnol.

M. Victor Borie en a donné une charmante description, dans le *Journal d'Agriculture pratique*, année 1856, tome V.

« Son plumage, d'un noir d'ébène, sa collerette d'un blanc pur, sa large crête rouge crânement posée sur l'oreille, son attitude fanfaronne et matamore, disent assez quelles sont ses habitudes et quelle est sa vaillante destinée. On l'emploie, en Angleterre et aux Indes, à ces luttes barbares qui font la joie de nos voisins, comme elles faisaient le divertissement des conquérants du monde au temps de la décadence romaine.

« Le coq espagnol (fig. 13) a bien l'air d'un hidalgo fier de sa haute noblesse et de l'antique renommée de sa race. C'est un grand d'Espagne qui reste couvert devant le roi, et porte le feutre galonné et le panache aussi vaillamment que l'épée.

« Sa douce compagne (fig. 14) est une coquette qui se complaît dans sa fine taille, et ne songe guère aux joies de la maternité. Elle daigne rarement couver, et ses poussins sont fort difficiles à élever. »

Fig. 14. — Poule espagnole.

En somme, l'éducation de ces volailles doit être proscrite en France, où l'on n'aime pas les combats de coqs. Mais, comme objet d'art et de curiosité, le coq espagnol n'est pas déplacé dans une belle basse-cour.

10. – Avantages comparatifs de chaque race.

Les races de Bréda, de Gueldre, de Hambourg, de Java, de Perse, de Chine, de Cayenne, du Brésil, de la Malaisie, et beaucoup d'autres races, mériteraient d'être mentionnées. Nous n'en dirons rien, parce que nous n'avons pas la prétention de donner ici une nomenclature complète des races. Notre but est d'appeler l'attention de nos lecteurs sur les races les meilleures, parmi celles qu'on élève en France. Mais il faut qu'on sache bien qu'il existe d'autres races qu'on peut adopter avec avantage, dans le cas où le lieu qu'on habite permettrait de se les procurer plus facilement que celles que je viens de décrire.

En nous résumant, les poules communes pondent beaucoup, couvent bien et élèvent bien leurs poussins; mais elles sont petites, elles s'engraissent difficilement, leur chair est peu abondante et peu délicate, et elles font de grands ravages dans les jardins et dans les cultures.

Les poules de Crèvecœur, de Houdan, du Mans et de Bresse pondent de gros œufs en assez grand nombre; elles couvent rarement et tard, élèvent assez bien leurs poussins; leurs œufs sont souvent clairs; mais, lorsqu'ils sont bien fécondés, ils fournissent de belles et délicieuses volailles.

Les poules cochinchinoises sont très-rustiques, très-grosses, douces et sédentaires; elles pondent de bonne heure, couvent bien et plusieurs fois dans l'année, et tous leurs œufs sont bons, elles sont très-propres aux croisements; mais elles s'engraissent mal, leur chair est de qualité médiocre, leurs œufs sont petits, et elles consomment une telle masse d'aliments, que leur élevage donne bien rarement du bénéfice.

Les brahma-poutra, plus grosses encore que les cochinchinoises, paraissent avoir les mêmes qualités et les mêmes défauts.

Les dorking, moins grosses que les deux races précédentes, ont une chair plus succulente.

Les petites races naines anglaises ont toutes les qualités qu'on peut désirer; mais elles ont le très-grand inconvénient d'être très-petites, et, par conséquent, de donner de petits œufs et très-peu de chair.

CHAPITRE III

DES CROISEMENTS

On peut former une bonne basse-cour avec une de nos races françaises exclusivement, et nous engageons les petits cultivateurs à ne pas avoir d'autre ambition. C'est aux cultivateurs riches à tenter par de sages croisements avec les races étrangères de donner à nos poules les qualités qui leur manquent.

Il est bien constaté aujourd'hui que certaines races, excellentes dans les pays qui les ont formées et les conservent par des traitements rationnels, peuvent dégénérer au bout de quelques années, même dans des contrées analogues et voisines, si on ne leur donne pas la nourriture et les soins qu'elles recevaient dans leur pays d'origine.

On a remarqué qu'en général les races très-propres à l'engraissement sont très-délicates dans le premier âge, pondent peu et couvent médiocrement; ainsi la race de Crèvecœur, parfaite de forme, facile à engraisser et d'une chair si délicate, pond de très-gros œufs, mais en petit nombre, couve rarement et toujours tard; les coqs manquent d'ardeur et les œufs sont souvent clairs.

Les poules Brahma ou cochinchinoises, au contraire, sont très-précoces dans leur ponte, couvent de très-bonne heure avec une sorte de rage et plusieurs fois dans l'année; leurs œufs sont rarement clairs; aussi, en croisant des poules de Crèvecœur avec des coqs cochinchinois ou brahma de race pure, on obtient des produits rustiques, énormes et précoces qui ont la chair succulente des crèvecœur et les qualités de bonnes couveuses des cochinchinoises. Mais, si l'on veut que ces beaux produits ne dégénèrent pas, il faut, tous les cinq ans, renouveler le sang en détruisant les coqs de la basse-cour et les remplaçant tantôt par des coqs Brahma ou cochinchinois, tantôt par des coqs crèvecœurs.

Le choix des races et des sujets est aussi difficile que s'il s'agissait de chevaux ou de bestiaux; mais, soit qu'on veuille former une basse-cour avec un coq et des poules de la même race, soit qu'on veuille faire un croisement, il faut choisir les sujets les plus lourds, les plus larges, les mieux portants, à peau blanche, à pattes roses, grises, noires ou blanches. Il faut choisir les poules qui pondent les œufs les plus gros, les coqs les plus forts et les plus ardents; il faut surtout que ces sujets possèdent au plus haut degré les qualités qu'on recherche dans leur race; à ces conditions et pourvu qu'on leur donne de bons soins, une nourriture abondante et appropriée à leur espèce, le succès est certain, le croisement réussit, ou, si l'on agit sur un coq et des poules de même race, non-seulement on maintient la race, mais on l'améliore.

Au contraire, si, on abandonne la meilleure race à elle-même, si on ne la nourrit pas abondamment, si on ne lui donne pas les soins dont elle a besoin, si on laisse pénétrer dans la basse-cour des coqs défectueux, ou des coqs de race étrangère, et qu'on ne supprime pas rigoureusement tous les sujets inférieurs, il est certain que la race dégénérera.

Il ne suffit pas de choisir des types bien purs, il faut encore les conserver avec soin, afin de pouvoir les utiliser de nouveau l'année suivante; à cet effet, il faut disposer dans de petites cours bien closes, appelées *parcs*, de petits poulaillers dans lesquels on enferme, à la fin de l'hiver, avant la saison des amours, les types des deux races qu'on veut croiser, par exemple deux coqs exotiques et dix poules de race indigène. Ces types donneront des produits de grosseur et de qualité remarquables, qu'on placera dans la grande basse-cour commune, et qui s'y multiplieront pour servir à la fois à la reproduction et à la consommation.

Mais les types reproducteurs primitifs, ayant été soigneusement gardés à part dans la petite cour, serviront chaque année à former de nouveaux sujets, qu'on continuera à verser dans la grande basse-cour.

Pour que les croisements réussissent à former une bonne race, il faut apporter à sa formation des soins persévérants; car, chaque race ayant une puissance différente, la plus puissante des deux races, qui n'est pas toujours la meilleure, domine souvent dans les produits après deux ou trois générations, ou bien les produits peuvent dégénérer et ne présenter qu'à un faible dégré les qualités qui caractérisent leurs types primitifs.

Il est possible de parer à ces inconvénients en redonnant aux croisements du sang de la race qui semble perdre de sa puissance et en supprimant avec soin les individus dégénérés.

CHAPITRE IV

CHOIX DE LA POULE ET DU COQ

On doit choisir les coqs avec le plus grand soin, car c'est d'eux surtout que dépend le succès des couvées. Ainsi avec un bon coq on n'aura pas ou presque pas d'œufs clairs; avec un mauvais coq, ils seront presque tous clairs. Il faut un coq par dix poules. Je sais que cette opinion est en opposition avec les idées reçues, je sais qu'il n'y a pas une fermière qui hésite à donner quinze poules à un jeune coq; mais, faute d'observations suivies avec persévérance, on n'a pas vu que tout coq, même jeune ou vigoureux, néglige toujours plusieurs de ses poules. Cette négligence tient soit à une préférence pour les autres poules, soit à ce que, rebuté par quelques-unes et pouvant choisir dans son nombreux cortége, il s'est déshabitué de leur faire sa cour, et cependant les poules qui restent ainsi stériles sont souvent les plus belles, celles dont on désirerait le plus obtenir des produits.

Lorsqu'un coq n'a qu'un petit nombre de poules, il les féconde toutes, et le nombre des éclosions est plus considérable qu'avec quinze poules; de plus, on entretient ainsi peu de couveuses; tout en obtenant de belles couvées complètes, on fait un plus grand nombre d'élèves, et on ne gaspille pas le temps, la place et la nourriture.

La vigueur de la poule, aussi bien que celle du coq, ne dure que trois ou quatre ans au plus. Après ce temps, la ponte des poules diminue sensiblement, et on trouve un plus grand nombre d'œufs clairs. Il y a donc avantage réel à renouveler la basse-cour tous les trois ans; mais, pour ne pas la renouveler toute à la fois, on élague chaque année un certain nombre de poules et de coqs, et on les remplace par de jeunes bêtes.

On doit toujours apporter le plus grand soin dans le choix des bêtes destinées à la reproduction, et livrer à la vente où à la cuisine celles qui n'ont pas toutes les qualités qu'on recherche; on parvient par ce moyen à améliorer considérablement la race. Cette considération est très-importante.

1. — Choix du coq.

Un coq doit avoir l'œil très-vif, le regard et le port effrontés, le plumage abondant et de nuances très-éclatantes, le bec gros et court, la crête riche et d'un beau rouge, les pattes armées de bons éperons. Il doit être ardent à caresser les femelles ; aussitôt qu'il trouve quelque chose à manger, il doit les appeler à partager sa trouvaille ; il doit s'occuper le soir de les rassembler pour les faire rentrer au poulailler et se débattre avec beaucoup de force lorsqu'on veut le saisir ; il doit chanter souvent et être toujours prêt à défendre les poules. S'il est timide et qu'il ait l'air doux, ce n'est pas un bon coq. Les coqs cochinchinois font exception à cette règle, ils sont à la fois excellents coqs et timides.

Les coqs perdent souvent par accident ou par maladie leur faculté fécondante. Il faut s'assurer par des observations fréquentes qu'ils remplissent bien leur devoir auprès des poules et qu'ils ne se bornent pas à faire le simulacre de la fécondation. C'est souvent faute de cette surveillance qu'on voit tant d'œufs rester clairs dans les couvées.

Les coqs commencent à côcher les poules à trois mois ; lorsqu'ils sont arrivés à cet âge, il faut les écarter de la basse-cour si on ne veut pas que les poules soient fécondées par eux.

2. — Choix de la poule.

La poule doit être douce, bien emplumée, avoir le bassin large et l'abdomen gros et pendant, très-richement garni de plumes ; elle doit s'occuper constamment à chercher sa nourriture et témoigner la plus grande tendresse pour ses poussins. Si elle était farouche, elle casserait ses œufs quand on va la lever pour la faire manger pendant l'incubation, et pourrait tuer ses jeunes poussins en marchant dessus lorsqu'elle les conduit.

Si on ne veut avoir des poules que pour la ponte, on peut se passer de coq ; les poules pondent à peu près autant, les œufs sont bons à manger, mais ne sont pas propres à la reproduction. Il y a de petits villages pauvres où il n'y a pas de coqs ; on doit donc bien se garder d'acheter des œufs pour les faire couver lorsqu'on n'en connaît pas l'origine ; mais il ne faut pas oublier que les œufs non fécondés se conservent plus facilement que les autres.

Les poules engraissent facilement et ont une chair délicate lorsqu'elles ont à la fois :

La huppe abondante ;

La crête volumineuse ;

Les pattes ou noires, ou bleuâtres, ou d'un blanc rosé;

Les os légers ;

La peau blanche et fine.

Les poules sont bonnes pondeuses quand elles ont à la fois :

L'oreillon (disque auriculaire situé en arrière du conduit auditif) d'un blanc mat, quand la crête et les barbillons sont rouges et restent rougeâtres, quand la vieillesse a fait disparaître la couleur rouge qui caractérise la jeunesse ;

Le cul d'artichaut bien développé, c'est-à-dire lorsque les plumes qui entourent l'anus sont touffues, longues et pendantes.

Les poules sont bonnes couveuses lorsqu'elles ont à la fois :

Le corps trapu et bas sur pattes ; le cul d'artichaut bien développé ;

Les cuisses garnies de plumes légères et abondantes.

CHAPITRE V

BASSE-COUR, PARCS ET POULAILLERS

Lorsqu'on a choisi les volailles qu'on veut élever, il faut s'occuper de les loger convenablement dans la basse-cour. Une bonne basse-cour doit présenter :

Un terrain spacieux pour les ébats des poules ;

Une clôture pour les isoler et empêcher à la fois leurs dégâts dans les cultures voisines et leurs rapports avec des coqs d'une race proscrite ;

Un hangar ;

Une trémie ou une auge ;

Un abreuvoir si la cour manque d'eau ;

Une fosse à cendre ;

Un poulailler garni de perchoirs et de nids ou pondoirs.

1. — Dispositions générales de la basse-cour.

La basse-cour doit être vaste, son sol doit être sablonneux ou en pente, de telle sorte qu'il ne garde jamais l'eau. S'il gardait l'eau, c'est-à-dire s'il gâchait, comme on dit à la campagne, il faudrait l'assécher à l'aide du drainage.

La basse-cour doit être exposée au midi ou au levant, et être plantée de quelques arbres ou arbustes qui puissent donner aux poules un bel ombrage pendant les chaleurs de l'été, par exemple, de groseilliers, de mûriers blancs ou hybrides, qui poussent avec une rapidité extrême quand ils ont été plantés avec soin et dont les poules mangent les fruits avec avidité, ou d'acacias, dont elles mangent aussi avec plaisir les fleurs, les graines et les feuilles qui tombent, soit par accident, soit naturellement.

Si la basse-cour est close et n'est pas abritée des vents du nord par un mur ou une construction quelconque, il faut que celui de ses côtés qui est à l'exposition du nord soit formé d'un mur d'au moins deux mètres de haut; les trois autres côtés de la basse-cour peuvent être formés par une haie, par des planches à claire-voie ou par un simple treillage de $1^{m},80$ de haut. Mais la partie inférieure de ce treillage doit être parfaitement close, afin que les poussins ne puissent s'échapper et que les animaux qu'on veut exclure de la basse-cour ne puissent y pénétrer. Mais, dans la plupart des cas, il vaut mieux que la cour ne soit pas close, car il ne faut pas oublier que les poules enfermées coûtent plus qu'elles ne rapportent.

2. — Hangar.

Un hangar rustique est fort utile dans une basse-cour. Il convient de relier ce hangar au poulailler par une rallonge. On ménage ainsi aux poules pendant les pluies un passage à sec du poulailler au hangar. Le hangar sert de refuge aux volailles contre la neige, la pluie et le vent. Son sol doit être sec et un peu plus élevé que celui de la basse-cour, afin que l'eau ne puisse y refluer ou y séjourner. En hiver, il est bon de le couvrir d'une bonne couche de fumier ou les poules trouvent une douce chaleur pour leur corps et leurs pattes, et une distraction dans la recherche des vermisseaux qu'elles y peuvent découvrir; le fumier doit être souvent retourné et être renouvelé tous les mois.

3. — Auge et trémie.

Au lieu de jeter la nourriture aux poules à certaines heures, ou de la leur donner dans une auge ouverte, on peut la placer dans une trémie fermée (fig. 15). On dépose le grain dans cette trémie, qui peut se fermer à clef. Le grain descend dans de petites cases qui sont fermées par une trappe à bascule; celle-ci s'ouvre lorsque la poule vient se percher sur une petite barre de bois qui est placée devant la trémie. Aussitôt que la poule descend, la trappe se referme; de cette manière, aucun animal plus léger que la poule ne peut participer à sa provision, et plusieurs poules peuvent manger à la fois. Il y a une trappe de chaque côté de la trémie, qui est carrée. Le grain est à l'abri des ravages des rats et des moineaux.

Fig. 15. — Trémie pour la nourriture des poules.

Cette trémie peut être employée pour les pigeons; on proportionne la force de la bascule au poids des pigeons.

4. — Abreuvoir.

L'abreuvoir, de forme carrée et peu élevée, doit être en terre cuite et à bords plats, il faut le remplir d'eau fraîche deux fois par jour et le placer à l'ombre, pour que le soleil ne l'échauffe pas trop en été. Pendant les grands froids d'hiver, on le rentre dans le poulailler, afin que l'eau ne gèle pas. C'est une grande faute de laisser les poules boire dans une mare infecte dont l'eau est en putréfaction. Cette eau leur donne des maladies graves. Mais, s'il s'en trouve à leur portée, il est difficile de les empêcher d'aller en boire. L'abreuvoir n'est utile que lorsque les poules n'ont pas une bonne eau naturelle à leur disposition.

5. — Fosse à cendre.

Il faut établir dans chaque basse-cour une petite fosse qu'on remplit de cendre ou de sable très-fin, afin que les poules puissent aller s'y poudrer, ce qui est pour elles un grand plaisir et ce qui les débarrasse des insectes qui les tourmentent. Cette fosse est surtout utile dans les cours closes.

6. — Poulailler.

Le logement des poules doit être établi dans une dépendance de la basse-cour ; il s'appelle poulailler ; on le construit, soit en planches, soit en maçonnerie, soit en terre et en pierraille, mais toujours à parois soigneusement unies, afin d'éviter les crevasses qui recèlent les mites et les autres insectes. Il doit toujours être appliqué contre un mur exposé au levant ou au midi ; les autres expositions ont des inconvénients graves. Ses dimensions varieront selon la quantité de poules qu'on veut élever, car il faut qu'elles n'y soient ni trop entassées, ni trop au large. Il doit être bien aéré et couvert en chaume, ce qui lui conserve de la fraîcheur en été, et le préserve des grands froids d'hiver. Son sol doit être bien sec et plus élevé que celui de la basse-cour, afin que dans aucun cas les eaux de la basse-cour ne puissent y refluer et le rendre humide.

Les fenêtres du poulailler doivent être garnies d'un grillage en fil de fer et munies d'un volet extérieur, qu'on laisse ouvert nuit et jour dans les temps ordinaires, et en été pendant les nuits, pour que l'air se renouvelle plus facilement ; l'hiver, on les ferme nuit et jour, pour préserver les volailles du froid, et l'été pendant le jour, pour les préserver de la grande chaleur. La porte, qu'on tient toujours fermée, aura une ouverture placée à $0^{m},15$ de terre et fermant avec une petite planche glissant dans des coulisses. On tient cette planche levée pendant le jour. Cette petite porte ne doit avoir que juste la dimension convenable pour permettre à une poule de passer. Si on laissait la grande porte ouverte, on exposerait le poulailler aux attaques des chiens.

L'intérieur du poulailler doit être nettoyé souvent, chaque matin si c'est possible. Tous les trois mois il faut enlever la partie la plus superficielle du sol et la remplacer par du sable sec, afin que le sol soit toujours bien sain. Il est bon de jeter sur le sol un peu de paille, qu'on renouvelle souvent. Tous les trois mois aussi, il faut nettoyer avec soin tout ce qui garnit ce poulailler, c'est-à-dire les perchoirs, les échelles et les pondoirs. Ces soins de propreté sont indispensables. Enfin, une fois au moins par an, il faut nettoyer à fond les murs et le plafond et les blanchir à la chaux, afin de détruire les insectes qui y pullulent facilement. Si, malgré une extrême propreté et des blanchissages fréquents à la chaux, on ne parvenait pas à détruire les insectes, on pourrait couler du mastic de Dyle dans tous les petits interstices qui se trouveraient dans les murs et les faire crépir avec un bon mortier de chaux et de sable. Le bas des murs devrait être crépi en chaux hydraulique, qui, bien préparée, forme un crépissage très-uni et très-dur, qui ne donne aucun accès aux insectes.

Le poulailler doit être séparé en deux parties, l'une des deux parties est exclusivement destinée aux couveuses et aux poules qui ont des poussins. Les deux poulaillers peuvent communiquer ensemble au moyen d'une porte qu'on ferme à volonté; mais ils doivent avoir chacun une issue sur la basse-cour ou sur un parc particulier.

Un poulailler doit toujours être garni de perchoirs et de pondoirs; il est à désirer qu'il ait pour annexe le petit parc dont je vais parler.

a. — Parcs et terrains d'élevage.

Lorsqu'on s'occupe en grand de l'élève des poules, la partie du poulailler destinée aux couveuses doit communiquer avec une petite cour particulière ou parc clos et exposé comme elle au midi ou au levant. Si le parc est très-petit et si l'accumulation des fientes y détermine des exhalaisons malsaines, il faut en retourner le sol et y semer de l'orge, de l'avoine ou du blé. Les poules s'amusent à gratter la terre et y trouvent les graines germées, dont elles sont très-friandes. Si l'on veut préserver une partie du semis, on le couvre d'une claie jusqu'à ce que les graines aient levé.

On fait sortir dans ce parc, au moment de la distribution de la nourriture, les couveuses et les mères qui ont des poussins assez jeunes encore pour qu'il y ait inconvénient à les mêler aux autres volailles.

Ce poulailler particulier et ce parc sont aussi employés à recevoir quelques poules et un coq de choix qu'on y enferme pendant la ponte du printemps, afin d'avoir des œufs d'élite à donner aux couveuses. A l'automne, on peut aussi placer dans ce parc les volailles dont on commence l'engraissement avant de les mettre dans les épinettes, comme je vais le dire.

Le parc, comme la basse-cour, doit être garni du hangar, de la trémie, de l'abreuvoir et de la fosse à cendre qui viennent d'être décrits.

Lorsqu'on se livre en grand à l'élevage des poules, ce parc doit avoir 5 à 6 ares pour 25 à 30 poulets de forte race. On peut y placer des boîtes à élevage, exposées au levant et distantes de 7 à 8 mètres les unes des autres; on y enferme les poussins pendant toute la nuit et parfois même pendant le jour quand le temps est humide ou froid. Chaque boîte a 1m,30 de large sur 0m,80 de haut; elle est faite mi-partie en bois blanc, mi-partie en chêne. Ces boîtes ont été figurées et décrites, avec de minutieux détails, dans l'excellent travail de M. Jacque (*Journal d'Agriculture*, 1857, tome VII); nous y renvoyons nos lecteurs. J'ajoute seulement qu'il faut avoir soin de donner aux élèves une nourriture appropriée à leur espèce, et que leur logement, toujours sain et commode, doit rester le même pour la même couvée jusqu'à son entier développement.

b. — Perchoirs.

Le perchoir se compose ordinairement d'une simple barre de bois blanc à arêtes abattues et épaisse d'environ 0m,08; on l'établit de la longueur du poulailler et on la fait poser sur deux petits tasseaux scellés dans les murs, l'un d'un côté, l'autre de l'autre côté du poulailler. Il doit être placé à 0m,40 ou 0m,50 du sol et être bien fixé, pour qu'il ne vacille pas et que les poules puissent y trouver une position tranquille pour le sommeil.

On emploie aussi comme perchoir une échelle de largeur proportionnée à celle du poulailler et dont les échelons sont assez écartés les uns des autres pour que les volailles s'y placent à l'aise; les échelons doivent être à arêtes adoucies sans être complétement cylindriques; car, lorsqu'ils sont cylindriques, ils causent souvent aux volailles la difformité qu'on appelle le *brichet*.

Cette échelle doit être inclinée de telle façon que la fiente des volailles placées sur les échelons supérieurs ne tombe pas sur celles qui occupent les échelons inférieurs. Le premier échelon doit être assez bas pour que les poussins puissent y monter dès qu'ils commencent à percher. Cette disposition est infiniment préférable à toutes les autres, et permet de loger un bien plus grand nombre de bêtes dans le même espace, sans qu'elles soient entassées les unes sur les autres. C'est la même disposition que celle d'un gradin disposé pour recevoir des pots de fleurs. Chaque poule adopte une place qu'elle occupe habituellement.

c. — Nids ou pondoirs.

Le pondoir généralement en usage est fait en osier grossier ; on le trouve chez tous les vanniers ; il est demi-circulaire et a 0m,30 de largeur, 0m,35 de longueur et 0m,20 de profondeur. Le morceau de bois qui supporte le pondoir doit avoir à chaque bout un petit renflement qui empêche les anneaux de l'osier de s'échapper. Il faut qu'il soit mobile, afin qu'on puisse de temps en temps le retirer et le laver à l'eau bouillante pour le débarrasser des insectes et de la fiente qui s'y accumulent. Il doit être tapissé d'une couche de paille brisée qu'on renouvelle toutes les semaines. Les clous qui le soutiennent doivent être placés à 0m,40 du sol, afin que les poules puissent entrer facilement dans le pondoir ; il faut mettre dans chaque pondoir un œuf de plâtre ; c'est une mauvaise habitude d'y laisser tantôt un œuf, tantôt un autre, parce que si par hasard on y laisse longtemps le même œuf il pourrit.

En Poitou et en Touraine, on emploie comme pondoirs des paniers en osier de forme cylindrique et sans anses qui ont servi à la boulangerie.

On fabrique aussi aux environs de Paris des pondoirs en osier de forme à peu près carrée ; leur longueur est de 0m,38 sur 0m,30 de large ; ils ont en haut 0m,30 et 0m,24 au fond ; leur profondeur intérieure est de 0m,26 ; ces dimensions conviennent aux poules de toutes grosseurs ; ils sont recouverts d'un couvercle à claire-voie. On les garnit d'une couche de paille bien brisée et d'un morceau d'une vieille étoffe de laine de la dimension du couvercle ; il sert à couvrir le panier quand la couveuse l'occupe, et à couvrir les œufs quand elle les quitte pour aller prendre ses repas.

Dans certains cas, il est préférable de faire, dans l'épaisseur des murs du poulailler, de petites cases carrées ou arrondies, de grandeur convenable pour qu'une poule puisse s'y placer facilement pour pondre ; elles doivent avoir en avant un petit rebord de 0m,08. Ces cases, garnies de paille un peu froissée et souvent renouvelée, sont pratiquées à un mètre du sol environ. On fixe en avant, par des tenons en fer, une planche de 0m,25 à 0m,30 de largeur, qui sert en quelque sorte de corridor aux nids. Grâce à cette planche, chaque poule peut gagner le pondoir qui lui plaît. On place aux deux extrémités de ce corridor une planche garnie de petits tasseaux de bois fixés par des clous à $0^{m},25$ de distance les uns des autres ; cette planche, inclinée depuis le nid jusqu'au sol, est une sorte d'échelle qui permet aux poules de monter facilement jusqu'à leur nid.

Au-dessus de la rangée des nids on dispose une planche qui puisse s'abaisser, de façon à fermer l'entrée des nids le soir, afin d'éviter que les poules et surtout les poussins n'aillent coucher dans les nids, qu'ils saliraient inutilement. Cette planche peut être tout simplement suspendue par des cordes solides attachées à des clous. Il faut la relever tous les matins en allant ouvrir la porte du poulailler; sans cette précaution, les poules ne pourraient pas aller dans leurs nids. On la tient relevée au moyen d'un ou de deux tourniquets.

Il est très-important de faire souvent un nettoyage à fond des nids et des planches, sans quoi il y pullulerait bientôt une foule d'insectes. Si les insectes résistaient à ces soins de propreté, il faudrait, après un nettoyage à fond, souffler de la poudre *insecticide* dans toutes les cavités des nids, puis blanchir à la chaux le poulailler.

J'ai emprunté une grande partie de ce chapitre à l'excellent travail de M. Jacque, inséré dans le tome VI, année 1856, du *Journal d'Agriculture pratique;* mais je suis loin d'avoir donné tous les détails précieux que renferme ce travail. J'engage mes lecteurs à le consulter souvent. Il est accompagné de gravures remarquables qui parlent aux yeux.

CHAPITRE VI

NOURRITURE

1. — Nourriture économique.

Quand on a une basse-cour close, à moins qu'on ait une race de choix dont les élèves se vendent à des prix élevés, il faut renoncer à tout profit sur l'éducation des volailles, parce qu'on est obligé de les nourrir toute l'année, et que leur nourriture coûte au moins autant que leur produit. Dans ce cas, il faut considérer l'élevage de la volaille comme un amusement, et non comme un revenu. Cependant, comme il est très-agréable d'avoir sous la main des œufs frais et des volailles prêtes à être mangées, on peut faire entrer cette considération en ligne de compte.

Un moyen d'élever avec un certain avantage des volailles enfermées serait de les acheter au printemps, au moment de la première ponte. On en ferait couver quelques-unes, et, par le moyen que j'indiquerai plus loin, on s'opposerait à ce que les autres couvassent. Les poussins élevés et la ponte faite, après quelques jours de repos et de bonne nourriture, qui permettraient aux poules de se remettre et même d'engraisser, on les vendrait sans perte, et il est à présumer que leur ponte et leur couvée payeraient les frais de nourriture; car, lorsqu'on garde les volailles toute l'année dans la basse-cour, il y a au moins quatre ou cinq mois pendant lesquels elles sont improductives, et, comme il faut néanmoins les nourrir, cette nourriture absorbe tout le profit qu'on aurait pu faire pendant le temps où elles pondent.

Il en est tout autrement quand les poules sont libres de courir hors de la cour, dans les champs, les chemins, les bois ou les terrains vagues qui environnent leur habitation; on peut alors se dispenser de leur donner à manger pendant une grande partie de la belle saison, et si on leur en donne, c'est en si petite quantité que cela n'est pas très-coûteux; d'ailleurs, si on n'a pas à sa disposition des graines à bas prix pour l'alimentation des volailles, elles coûteront plus qu'elles ne rapporteront. Je vais indiquer au paragraphe suivant quelques moyens économiques de les nourrir dans la morte-saison, ce qui ajoutera beaucoup au profit qu'on en peut tirer; mais je dirai tout de suite que, lorsqu'on a une grande quantité de déchets de grains, de criblures; qu'on transporte des gerbes, qu'on manie des grains, qu'on a beaucoup de fumiers et enfin des terrains sans culture, comme des bois, des chemins, de grandes cours où les poules peuvent trouver une bonne partie de leur nourriture, soit végétale, soit animale, il y a avantage réel à élever un bon nombre de poules, surtout si on y joint les moyens économiques de nourrir que je vais indiquer.

On doit tenir un compte exact des dépenses qu'occasionnent les poules, et, pour cela, donner une valeur à tout ce qu'on leur distribue en nourriture. On donne ensuite une valeur à tous leurs produits, et, par ce moyen, on se rend facilement compte de ce qu'elles coûtent et rapportent. La balance indique s'il y a avantage ou perte à les élever.

2. — Nourriture ordinaire.

Toute espèce de grain convient aux poules; cependant elles mangent difficilement le seigle. Le blé noir, le maïs, l'orge et le froment, sont les grains qui les nourrissent le mieux; le chènevis les dispose à la ponte et à la couvée; mais, si elles en abusent, elles s'échauffent et tombent malades. Elles aiment aussi beaucoup la jarousse, les pois, les lentilles, les graines de tournesol, le marc de raisin ou de cidre, les pois chiches, la graine de moha de Hongrie, qui convient beaucoup aux petits poulets, les fruits sucrés ou gâtés, et une foule de graines de plantes sauvages. En général, on les nourrit avec les criblures de grain et les déchets du battage, qu'on appelle dans certains pays *épigeaux*, dans d'autres *dégrains*, criblures, écréances. C'est le moyen le plus économique et à peu près le seul qui offre des chances positives de profit, car ces déchets ne peuvent être employés à d'autres usages. Ces criblures et ces déchets ne se trouvent pas dans le commerce; ils sont tous employés dans les fermes. On trouve cependant chez les meuniers des criblures qu'on achète à assez bon compte; mais il faut bien se défier, parce que souvent, alors même que ce grain paraît bon à manger, il n'a que l'écorce, et les volailles le rebutent.

Les poules ne peuvent se nourrir exclusivement de grains; il leur faut des herbages, des insectes ou de la viande, des matières animales enfin; il faut donc procurer cette variété d'alimentation aux poules qui sont enfermées. De la salade, des choux, de l'oseille, des épinards, des sarclages de jardin, leur conviennent. On leur procure une nourriture animale, soit au moyen d'une *verminière*, que je vais décrire et dont on doit la première idée à Olivier de Serres, soit en leur distribuant des débris de viande crue ou cuite; elles mangent très-bien les os concassés. Elles sont très-avides aussi des chrysalides de vers à soie et des papillons qui ont servi à faire la graine; mais il ne faut pas leur en donner en grande abondance, comme cela arrive dans les lieux où il y a des filatures de soie, parce que leurs œufs contractent un goût désagréable.

Les betteraves crues et coupées en petits morceaux carrés de la grosseur environ d'un centimètre cube sont une excellente nourriture pour les volailles en général. La première fois qu'on en fait la distribution, les poules les regardent, puis se décident peu à peu à en picoter quelques morceaux. On les laisse à leur disposition. Le lendemain, on fait une nouvelle distribution, et elles commencent à en manger; elles finissent par les avaler avec avidité. Cette excellente nourriture les engraisse beaucoup, mais ne peut suffire seule; il faut absolument de la variété dans la nourriture des volailles; elles mangent très-bien aussi les topinambours, les rutabagas, et même les pommes de terre crues. Je recommande l'emploi de ces trois derniers aliments, parce qu'ils ont très-peu de valeur, eu égard à la quantité qui suffit pour nourrir des poules.

Tant que ces aliments se conservent bien, c'est-à-dire depuis la moitié d'octobre jusqu'à la fin d'avril, on peut en donner aux poules deux fois par jour, en y ajoutant toutefois un peu de grain.

La betterave, aussi bien que les topinambours, les rutabagas et les pommes de terre, ne les dispose pas bien à la ponte, elle les porte plutôt à la graisse.

On prépare ces légumes à la veillée; un enfant peut très-bien faire ce petit travail. On les fend d'abord dans une partie de leur longueur à un centimètre d'épaisseur; on pratique les mêmes fentes en croix, puis on les coupe en travers au-dessus d'un panier destiné à recevoir les morceaux. Lorsqu'on est arrivé au bout des fentes longitudinales, on continue comme on a fait d'abord, et on coupe de même; si on les coupe en tranches minces, les poules les mangent avec le même plaisir.

Les pommes de terre cuites et écrasées, seules ou mêlées de son et de caillé, conviennent aussi très-bien à la nourriture de la volaille et sont fort économiques; elles ont, comme les légumes crus, l'avantage de très-bien préparer les volailles à l'engraissement, de sorte qu'on peut atteindre la perfection à très-peu de frais.

Lorsque les poules sont libres, il est beaucoup plus convenable de leur distribuer leur nourriture à des heures fixes, et toujours à la même place, qui doit, autant que possible, être près du poulailler, être bien nette et éloignée du fumier. La régularité, dans cette distribution, a l'avantage de faire venir toutes les poules, ce qui permet de les compter. Puis on les verra à l'avance se rapprocher du lieu de la distribution; tandis que, si l'on distribue tantôt à une heure, tantôt à une autre, il y aura des volailles absentes qui ne profiteront pas du repas; car il ne faut jamais distribuer assez de nourriture à la fois pour que, le repas fini, il en reste à terre; outre la perte, cette surabondance dégoûte les animaux, et leur nuit au lieu de leur être utile. D'ailleurs, je répète que si on donne du grain en aussi grande quantité, les poules ne payeront pas leur nourriture. Il faut qu'elles glanent, qu'elles trouvent une partie de leur vie; de plus, la régularité des repas contribue à la santé de tous les animaux. Il n'y a que les légumes dont j'ai parlé dont il peut rester un peu à terre après le repas, surtout dans la saison où les poules sont privées de nourriture fraîche, parce qu'après avoir cherché quelques grains ou quelques insectes, elles reviennent en manger de nouveau.

3. — Établissement d'une verminière pour la nourriture des volailles.

J'ai dit précédemment que les poules étaient très-avides de vers et d'insectes de toute espèce. Voici le moyen de s'en procurer un grand nombre, et ce moyen peut être employé avec le même avantage pour les poules enfermées que pour les poules libres. Il consiste dans l'établissement d'une *verminière*. Voici comment on procède :

On fait une fosse dont on tapisse le fond d'une couche de paille de seigle hachée très-menu, et de $0^m,12$ à $0^m,15$ d'épaisseur ; on recouvre cette paille d'une bonne couche de crottin de cheval, et ensuite d'une couche de terre sur laquelle on répand du sang de bœuf ou d'un autre animal, qu'il est facile de se procurer à la boucherie ; du marc de raisin ou de cidre mêlé d'un peu d'avoine et de son ; on y ajoute toutes les tripailles qu'on peut se procurer et même des charognes. On recommence une seconde couche, composée comme la première, et on continue à procéder de la même manière, jusqu'à ce que la fosse soit pleine. On la recouvre d'une couche de terre, puis de broussailles, afin que les poules ne puissent pas gratter.

Peu de jours après, ce composé entre en fermentation, et donne naissance à des milliers d'insectes et de vers. Chaque matin, un homme, en trois ou quatre coups de bêche, prend la provision de la journée, qui est distribuée à la basse-cour, et il recouvre soigneusement avec les broussailles l'endroit entamé. Cette distribution convient beaucoup aux poules, elle excite leur appétit, et les dispose à la ponte et à la couvée.

Il faut placer la verminière dans un endroit écarté, parce qu'il s'en exhale une très-mauvaise odeur chaque fois qu'on l'entame.

4. — Préparation de la chair des animaux morts pour la nourriture des volailles.

Il arrive trop souvent qu'on perd des animaux, soit par accident, soit par épizootie ; on les enterre sans profit, ou on les laisse dévorer par les animaux carnassiers ; mieux vaut en nourrir les oiseaux de basse-cour. Voici comment on procède pour les préparer.

Dès que l'animal est dépouillé, ce qu'il faut toujours faire aussitôt après sa mort, on enlève la chair et on la met dans un chaudron qu'on remplit d'eau et qu'on place sur un bon feu. On fait bouillir et on renouvelle l'eau évaporée par l'ébullition jusqu'à ce que la chair soit bien cuite. Alors on la dépose sur une table ou sur des planches, à l'abri des animaux carnassiers, et on la laisse refroidir. Après quoi on la coupe en très-petits morceaux, qu'on place sur des claies en osier dans un four, après que le pain en est retiré. Lorsque le four est presque froid, on retire les claies, et si la chair n'est pas assez sèche pour être serrée dans une boîte ou une vieille futaille, on fait réchauffer un peu le four et on l'y place de nouveau jusqu'à ce qu'elle soit tout à fait sèche et dure. Dans cet état, si on la place dans un lieu sec, elle se conserve très-bien. On la distribue aux volailles, qui en sont très-avides, et auxquelles cette nourriture, ajoutée à d'autres aliments de nature différente, convient parfaitement.

CHAPITRE VII

PONTE. — INCUBATION. — SOINS A DONNER AUX POUSSINS ET AUX POULES

1. — Ponte.

Lorsque les poules se disposent à pondre, leur crête rougit beaucoup, elles ont l'œil plus vif et mangent avec plus de voracité.

La ponte commence plus ou moins tôt, suivant la température et le climat. C'est ordinairement de janvier à mars qu'elle commence. Si on n'ôtait pas les œufs aux poules, elles voudraient couver aussitôt que leur ponte serait terminée; mais, comme on les prive de leurs œufs, la ponte se continue au delà de l'époque où elle s'arrêterait dans l'état de nature, et les poules, bien nourries et libres, peuvent pondre à leur première ponte, 20, 25 et jusqu'à 40 œufs, selon leur fécondité et leur âge. Si elles sont trop grasses, elle pondent moins, et souvent des œufs hardés et sans coquille, qu'il est impossible de transporter ou de couver. Si elles sont trop maigres, leur ponte en souffre aussi; elles doivent donc être maintenues ce qu'on appelle *en bon état*, c'est-dire en bonne chair, sans trop de graisse.

Lorsqu'une poule a terminé sa ponte, qui peut durer plus ou moins de temps, selon sa race, sa fécondité, son âge, ou d'autres circonstances qu'il est difficile d'apprécier, elle demande à couver. Si on ne le veut pas, il faut la mettre sous une mue, la priver de nourriture pendant une couple de jours et lui donner seulement à boire. On peut aussi lui donner quelques herbages, et la baigner à plusieurs reprises dans de l'eau fraiche; elle oublie le besoin de couver, et lorsqu'on lui laisse la liberté, elle court çà et là. Bientôt la crête, qui s'était décolorée à la fin de la ponte, se colore de nouveau, et la poule recommence à pondre. Mais quelquefois, au lieu de faire une ponte complète, elle pond 5 ou 6 œufs et manifeste de nouveau le désir de couver. Dans tous les cas, la seconde ponte est beaucoup moins considérable que la première.

Les poules choisissent pour pondre les endroits obscurs et tranquilles; aussi, quand on les dérange souvent dans leur *pondoir* du poulailler, elles l'abandonnent pour aller *nicher* ailleurs. Il faut entrer dans le poulailler tous les jours à la même heure, vers une heure par exemple, parce qu'à cette heure les pontes sont ordinairement faites. Si l'on a besoin d'œufs frais à une autre heure, il faut épier avec adresse un moment où les cases du poulailler sont peu garnies par les poules, y entrer avec précaution et ne pas chercher les œufs dans les nids occupés.

Quand une poule prend l'habitude d'aller pondre hors du poulailler, dans un endroit caché, il faut l'épier, la suivre de loin afin de découvrir sa cachette, et ne pas y toucher, parce qu'elle l'abandonnerait pour une autre. Lorsqu'il y a une certaine quantité d'œufs, on en enlève une partie, et lorsque la ponte est finie, on enlève tout. La poule, découragée, au moment où elle espérait couver, retourne souvent au poulailler. Si on s'aperçoit qu'elle garde son nid pendant la nuit, ce qui arrive souvent aux poules quand elles sont sur le point de couver, il faut aller l'y prendre pendant la nuit et la porter dans le poulailler.

On peut aussi saisir dans le poulailler, avant d'ouvrir le matin la petite porte, les poules qui ont l'habitude d'aller pondre hors de leur habitation; on les tâte en introduisant avec précaution le doigt dans l'anus. Si elles ont l'œuf, on les enferme dans un des nids du poulailler et on ne les laisse sortir que lorsqu'elles ont pondu. En répétant cette manœuvre plusieurs fois, on les corrige de la manie d'aller pondre au dehors.

On voit des poules ne pondre qu'un œuf en trois jours, d'autres en pondre tous les deux jours, quelques-unes tous les jours et même deux fois par jour. Chez la même poule, la manière de pondre n'est pas régulière, elle varie sans qu'on puisse en apprécier la cause; cependant, ordinairement à la fin de la ponte, elle se fait avec plus de célérité.

La ponte des poules n'est pas régulière tout le temps de leur fécondité ; la première année elle commencent à pondre vers l'âge de six mois si elles sont nées de très-bonne heure, c'est-à-dire en février, mars ou avril ; si elles sont nées plus tard, elles ne pondent qu'au printemps suivant, mais ordinairement leur ponte devance celle des vieilles poules, leurs œufs sont plus petits et le premier œuf est souvent taché de sang. Les poules du printemps qui ont commencé à pondre à l'automne pondent plus abondamment la seconde année que la première, cette seconde année est leur année la plus féconde, et les œufs ont atteint tout le volume possible ; la troisième année est encore bonne ; à la quatrième, la ponte est moins abondante et elle va en diminuant chaque année.

Selon M. Barral il ne faut pas attendre d'une poule bonne pondeuse plus de 600 œufs, savoir : 80 la première année ; 120 la seconde ; 120 la troisième ; 80 la quatrième et de moins en moins les années suivantes. Il en résulte qu'à cinq ans révolus une poule doit avoir le cou coupé ; on dira que la conclusion est cruelle, mais n'est-ce pas à cela qu'aboutit toute conclusion lorsqu'on étudie les conditions économiques de l'entretien des animaux de rente ?

Dans une basse-cour, la ponte commence dès la fin de janvier, quand l'exposition est bonne et qu'on a soin de donner aux poules des grains stimulants, comme le chènevis, les déchets de froment, le maïs, le blé noir, des insectes, des vers. Si on voulait avoir des pontes très-précoces, il faudrait établir dans une étable peuplée de bestiaux un petit poulailler dans lequel on ferait coucher les poules qu'on destinerait à cette ponte. On obtiendrait des œufs à une époque où les poules du poulailler ne pondraient pas encore. Ce moyen est très-simple. Une bouche de chaleur pratiquée dans une cheminée et communiquant au poulailler produit le même effet ; mais il est très-rarement possible de recourir à ce moyen ; cela dépend de la disposition du poulailler par rapport à la maison d'habitation.

En février et mars, les poules plus tardives commencent à pondre ; avril, mai et juin sont les mois où la ponte est la plus abondante ; mais en juillet la ponte se ralentit : on n'a alors que les œufs des poules très-tardives ou de celles qu'on a empêché de couver au printemps.

En août et septembre, la ponte reprend une certaine activité ; c'est la seconde ponte pour les poules qui ont élevé et la troisième pour celles qu'on a détournées de la couvée.

En octobre et novembre, la ponte cesse presque entièrement, c'est le temps de la mue.

Au mois de décembre, la ponte est tout à fait nulle, à moins qu'on n'ait mis à part quelques poulettes précoces, qu'on les ait logées comme je viens de le dire, et qu'on les ait nourries avec du chènevis, des vers, du maïs, du blé noir, de l'avoine et des pommes de terre écrasées et données chaudes. C'est le meilleur moyen de se procurer des œufs frais dans cette saison, où ils ont une grande valeur. Il faut aussi tenir les poules dans un lieu exposé au soleil et surtout tâcher de les faire séjourner sur du fumier. Le poulailler, lorsqu'il gèle très-fort, doit être exactement fermé, et on peut même condamner les fenêtres avec de la litière de paille.

On ne doit pas négliger de dénicher tous les jours les œufs, et même aussitôt après l'heure de la ponte, d'abord à midi, puis vers quatre ou cinq heures, parce que si l'on néglige de les enlever, il y a souvent des poules qui commencent à couver et qui gardent le nid ; leur séjour sur les œufs en altère beaucoup la qualité ; ils subissent un commencement d'incubation qui nuit considérablement à leur conservation, et, lors même qu'il n'y aurait pas de couveuses, comme les poules choisissent de préférence les nids garnis d'œufs pour pondre, elles causent la même altération aux œufs qui s'y trouvent, en outre elles peuvent en casser.

Pour obtenir d'une poule la quantité d'œufs que je viens d'indiquer, il ne faut pas qu'elle couve et élève, car dans ce cas la ponte sera réduite au moins d'un tiers ; si la poule couve deux fois, la ponte sera réduite de deux tiers.

2. — Couvée ou incubation naturelle.

Il n'est pas nécessaire d'avoir un coq pour que les poules demandent à couver ; mais, si on n'en a pas, leurs œufs sont impropres à l'incubation ; il faut, dans ce cas, leur donner des œufs qui aient été fécondés.

Ordinairement, déterminées à pondre pendant la plus grande partie de l'année, tant à cause de l'abondante nourriture qu'elles reçoivent que parce qu'on ne les laisse pas couver, les poules pondent toujours plus d'œufs qu'elles ne peuvent en couver, et si la basse-cour n'est pas bien exposée, elles ne demandent à couver que fort tard, c'est-à-dire en juin ou juillet. Les poussins qui résultent de ces couvées tardives ne valent jamais les poussins précoces pour faire des pondeuses et de beaux poulets ; leur mérite est d'être encore tendres et bons à manger, lorsque ceux du printemps commencent à perdre cette qualité. Ce sont toujours les premiers nés qui deviennent les plus beaux, c'est pour cela que j'engage à avoir quelques poules cochinchinoises, dont la précocité, à conditions égales, facilite beaucoup les incubations précoces. Dans d'autres basses-cours, au contraire, toutes les poules veulent couver de très-bonne heure, c'est-à-dire en février, mars, avril, et la ponte se trouve suspendue trop tôt. C'est surtout dans ce cas qu'il faut détourner une partie des poules du désir de couver.

Lorsqu'une poule commence à sentir le besoin de couver, elle fait un cri particulier qu'on appelle *gloussement*; elle tient les ailes écartées, cherche du grain par terre sans manger, enfin elle finit par rester sur le nid, et sa passion devient telle qu'elle couve tous les œufs qu'on place dans son nid, même les œufs de plâtre.

Si on veut que cette poule couve, il faut la laisser vingt-quatre heures sur le nid avant de lui confier les œufs qu'on lui destine, afin d'être assuré qu'elle éprouve bien réellement le besoin de couver. Si, au contraire, on ne veut pas qu'elle couve, aussitôt qu'on s'aperçoit de quelque chose qui indique ce besoin, on enferme la poule sous une mue qu'on place dans un lieu frais; on trempe la poule dans l'eau froide plusieurs fois par jour, on la prive de nourriture pendant deux jours, et on se borne à lui donner de l'eau et quelques herbages. Malgré tous ces soins, on ne réussit pas toujours à la détourner de couver.

A l'époque des pontes réservées aux couvées, il faut visiter les pondoirs plusieurs fois par jour et toujours à la même heure, afin d'enlever les œufs qu'ils contiennent; sans cette précaution, un œuf pourrait être couvé plusieurs heures, l'embryon commencerait à s'y développer, et, l'incubation étant interrompue, l'œuf se gâterait.

Les œufs pour les couvées, si on veut y apporter tous les soins possibles, doivent être recueillis dans une boîte à moitié pleine de son, placée dans un panier à fond plat, afin d'éviter les chocs. On écrit au crayon sur chaque œuf le nom de l'espèce et la date de la ponte, afin de le faire couver quand le temps de l'incubation sera venu et d'éviter toute confusion. Les boîtes doivent être serrées dans un lieu sain et sec, également à l'abri de la chaleur et du froid.

Il est très-imp rtant de faire un choix dans les poules qu'on veut faire couver; elles ne sont pas toutes également propres à remplir cet important devoir. Il faut qu'une couveuse soit douce, qu'elle se laisse approcher quand elle est sur le nid, qu'elle se laisse même prendre sans la moindre difficulté; car, si elle est farouche, on peut être certain qu'elle n'amènera pas sa couvée à bien et qu'il lui arrivera des accidents, comme de casser une partie de ses œufs ou de les abandonner.

On doit proportionner à la grosseur de la poule le nombre d'œufs mis à l'incubation; il y a avantage à en mettre moins que plus, parce que, lorsqu'une poule ne couve pas bien tous ses œufs, comme elle les change très-souvent de place, il est à craindre que l'incubation soit suspendue dans le plus grand nombre; alors ils sont perdus; de plus, l'inquiétude qu'éprouve une bonne couveuse de ne pas pouvoir couvrir tous ses œufs la dérange de son devoir.

La plus grosse poule ne peut pas couver au delà de quinze œufs; il suffit ordinairement de lui en donner douze. Les poules anglaises de la plus grosse variété ne peuvent pas couver plus de dix à douze de leurs œufs ou plus de six œufs de grosse poule.

Lorsqu'on a décidé de faire couver une poule, il faut lui préparer son nid avant de mettre les œufs et la poule dans le petit poulailler que j'ai indiqué, et qui est destiné à la couvée. Si la saison est très-peu avancée et que le temps soit froid, ou si le nombre des couveuses est assez grand pour que le poulailler soit insuffisant, on les place dans un couvoir particulier, c'est-à-dire dans un cabinet bien sain qui ne soit ni froid ni humide, et qu'on s'efforce de maintenir dans le silence et l'obscurité. On dispose le long de ses murs une rangée de planches de 0^m, 45 de largeur, qu'on fixe sur des tréteaux de 0^m, 30 de hauteur, et sur ces planches on place les pondoirs carrés décrits à la page 35.

La paille placée dans le nid, après avoir été légèrement froissée dans les mains, doit être très-foulée en dessous et offrir une surface presque plane qui ne puisse pas céder par la pression du poids de la poule et des œufs, car si le nid est concave à son milieu, tous les œufs s'y entassent et s'y trouvent superposés les uns sur les autres, ce qu'il faut absolument éviter, parce que, dans ce cas, les œufs n'étant pas en contact avec la poule, sont mal couvés et se cassent facilement. Il est donc très-important que le nid soit peu concave, mais cependant qu'il le soit assez pour que les œufs y tiennent rangés les uns à côté des autres lorsque la poule est placée dessus.

La paille convient seule, le foin fermente, et il s'y engendre des insectes.

Quand la poule est placée dans le pondoir ou dans la case, on la couvre de l'étoffe de laine et on laisse en général la poule, dans cet état, pendant deux jours. On la tire du pondoir une fois chaque jour pour la faire boire et manger, et pour qu'elle prenne un peu d'exercice. Si elle est très-douce et qu'elle reste bien sur son nid, on lève le couvercle pour la laisser libre, on lui place à manger et à boire dans un endroit rapproché qu'elle puisse aborder facilement, et elle se lève quand elle veut manger, mais cette méthode a souvent de graves inconvénients. Certaines poules se laissent mourir de faim plutôt que de quitter leurs œufs. Lorsqu'on possède le poulailler destiné aux couvées, décrit page 33, on place la nourriture des couveuses dans le parc; une fois par jour on ouvre la porte du poulailler et on la laisse ouverte un certain temps ; en général les poules se lèvent seules pour aller manger, mais on s'en assure, on prend et on porte hors du poulailler celles qui ne voudraient pas quitter leurs œufs, et on a soin qu'aucune poule ne reste éloignée de son nid plus d'une demi-heure, temps nécessaire pour que ses œufs se refroidissent.

Lorsque les poules sont trop farouches ou n'ont pas l'intelligence convenable pour se lever seules, il faut les lever tous les matins, comme je viens de le dire, et les placer sous une mue pour les faire manger. Une fois par jour suffit ; cependant, si la couveuse était trop ardente à la couvée et paraissait constipée, ce qui est fréquent, on pourrait la lever deux fois.

Il y a des poules qui sont tellement ardentes à la couvée que, lorsqu'on les pose à terre pour prendre leur repas, elles y restent couchées sans manifester le désir de manger ; elles sont aussi tellement échauffées, qu'elles ont de la peine à fienter ; il faut leur donner quelques herbages, de la salade et de l'oseille coupées menu et mêlées de son mouillé. Des épinards, des herbes de jardin, conviennent aussi. On laisse ces poules plus longtemps levées, afin qu'elles se rafraîchissent un peu, et on couvre leurs œufs avec une pièce de laine épaisse.

Après huit jours d'incubation, il faut *mirer les œufs*, c'est-à-dire s'assurer quels sont les bons et les mauvais, afin de retrancher ces derniers. Pour cela, on place l'œuf dans la main droite devant une lumière et on pose la main gauche au-dessus, afin de faire ombre autour de l'œuf et que la lumière le traverse ; lorsqu'on aperçoit un point obscur au gros bout, l'œuf est bon. Après quinze jours de couvée l'œuf est à moitié obscur. On peut aussi, au bout de quinze jours d'incubation, mettre les œufs dans de l'eau tiède, ou dans de l'eau au degré de la température extérieure s'il fait très-chaud ; cette dernière immersion est très-favorable à l'incubation. Les œufs qui contiennent des poussins vivants surnagent et s'agitent sensiblement ; les autres restent immobiles ou tombent au fond de l'eau. On secoue ces derniers vivement, et si on entend le bruit d'un liquide qui ballotte, ce qui confirme la première observation, on en conclut que l'œuf est mauvais.

La couvée dure de vingt à vingt et un jours, suivant l'assiduité et le talent de la couveuse et la température. Les œufs très-frais éclosent plus vite que les vieux œufs ; j'appelle vieux ceux qui ont plus de quinze à vingt jours. Ceux qui ont six semaines à deux mois ont peu de chances d'éclore, à moins qu'on ne les ait tenus dans un lieu frais, sec, et presque privé d'air. Cependant il n'est pas sans exemple que des poussins aient été obtenus d'œufs pondus depuis plus de deux mois. Les poussins des œufs très-frais éclosent souvent le dix-neuvième jour.

Il est inutile de chercher à distinguer les sexes par la forme des œufs. La nature garde son secret. On doit de préférence choisir les plus beaux œufs; les poussins qui en éclosent sont toujours plus gros.

On ne doit point ajouter d'œufs à une couveuse un, deux ou trois jours après qu'elle a commencé à couver, lors même qu'elle aurait cassé une partie des œufs qu'on lui a confiés : cela amène dans l'éclosion une irrégularité qui est très-fâcheuse. A bien plus forte raison il ne faut pas mêler à ses œufs d'autres œufs d'espèce différente, qui n'écloraient pas en même temps que les siens; et, lors même qu'il devraient éclore à la même époque, s'ils étaient de grosseur différente, ils se nuiraient les uns aux autres, et la couvée serait probablement imparfaite. Si on était obligé de faire ce mélange, on enlèverait les petits éclos aussitôt après l'éclosion ; mais alors ils réclament des soins minutieux et tout particuliers.

On ne doit entrer dans la pièce occupée par les couveuses que lorsque cela est nécessaire; elles aiment la paix et le silence. Il est surtout important que les coqs et les poules qui ne couvent pas ne puissent aller les visiter, ils les troubleraient beaucoup.

Comme je l'ai déjà dit, les poussins les plus hâtifs sont les meilleurs, mais aussi ils réclament des soins particuliers. Il faut mettre la couveuse dans un lieu plus chaud que le poulailler, et ne point la laisser courir dehors avec ses poussins encore jeunes. Si donc on obtenait des poussins en janvier, en février et au commencement de mars, ils réclameraient des soins plus assidus que les poussins tardifs.

Les poussins éclos pendant le mois de février et même au commencement de mars doivent être élevés dans une chambre chauffée, dont on ne les fait sortir que vers midi et au soleil; on a soin de les faire rentrer aussitôt que la température s'abaisse.

Lorsqu'une poule est très-bonne couveuse, et que, la couvée achevée, elle ne paraît pas fatiguée, on peut lui en faire faire une seconde, mais jamais une troisième, elle ne l'achèverait pas : elle mourrait. Dans le cas de deux couvées, il faut, à la seconde, donner souvent à la poule des herbages et du son mouillé, ce qui la rafraîchit beaucoup. Il faut lui en donner, à bien plus forte raison, quand à la moitié du temps nécessaire pour l'incubation on s'aperçoit qu'une poule a manqué une couvée par une cause qui lui est étrangère, et qu'on lui donne de nouveaux œufs. Dans ce cas, comme dans le premier, il faut lui donner des œufs très-récemment pondus, afin que la couvée se prolonge le moins possible.

Une fois l'incubation commencée, il ne faut toucher aux œufs que pour les mirer, comme je l'ai indiqué ; ce qui se fait pendant que la couveuse mange ; à son retour, elle saura très-bien les retourner et les changer de place afin que l'incubation soit bien régulière. En y touchant, on risquerait de détruire ce que son instinct lui fait faire.

Il n'y a aucune foi à ajouter aux préjugés attachés à la couvée des poules, comme de choisir telle ou telle phase de la lune pour mettre couver, de placer du fer au fond des paniers, etc. ; il faut laisser ces contes aux *bonnes femmes*.

Il est avantageux de mettre plusieurs poules à couver le même jour ou à un jour ou deux jours de distance, parce que si une poule manque sa couvée et n'a pas un nombre suffisant de poussins, on les lui enlève pour les donner à une mère plus heureuse, et on peut lui redonner d'autres œufs. On peut même, sans qu'il soit arrivé d'accident aux couvées, donner les poussins de deux couvées à une poule, s'ils sont à peu près du même âge ; mais il faut les mettre sous elle le soir avec les siens, sans cela elle les bat et les rejette. Alors, si on ne peut pas donner de nouveaux œufs à la poule qu'on a privée de ses poussins, on l'envoie dehors en s'assurant qu'elle ne continue pas de couver. Elle se remettra à pondre beaucoup plus tôt que si elle avait élevé sa petite famille. Sous ce rapport, il est donc très-avantageux de réunir deux couvées.

Lorsqu'une couveuse est farouche, il faut éviter de la faire couver une seconde fois et lui enlever ses poussins à mesure qu'ils naissent pour les donner à une mère plus douce, car il est présumable que son mauvais caractère nuirait beaucoup aux poussins, soit parce qu'elle les écarterait de la personne chargée de leur donner à manger; soit parce que sa sauvagerie la déterminerait à les conduire dans des lieux écartés où il leur arriverait des accidents et où ils contracteraient des habitudes sauvages comme celles de leur mère, ce qui est fâcheux à plus d'un titre.

Il y a des couveuses qui mangent leurs œufs, mais en général elles se bornent à en manger un ou deux. Si on s'aperçoit qu'une poule mange ses œufs, il faut la sacrifier immédiatement, car elle ne se contenterait pas de manger ses œufs, elle mangerait aussi les autres œufs du poulailler.

Lorsque les poussins éclosent, il ne faut approcher de la couveuse que le moins possible, parce que les mouvements qu'elle fait pour défendre sa couvée peuvent causer des accidents. Cependant, si l'éclosion se prolongeait, il serait à propos de la surveiller et de chercher à aider les poussins qui ne pourraient pas éclore. Quelquefois la coquille étant restée longtemps ouverte, quand le poussin a *bêché* (percé la coquille), celle-ci s'est desséchée à l'intérieur, et le poussin, n'ayant plus l'humidité nécessaire, fait des efforts inutiles pour se débarrasser de sa coquille, à laquelle il se trouve collé. Dans ce cas on le prend et on met quelques gouttes d'eau tiède sur les bords de la coquille ; elles s'y introduisent et favorisent sa sortie. D'autres fois le poussin, ayant *béché* son œuf, a épuisé ses forces pour rompre la coquille suffisamment; alors on cherche à débarrasser le bec d'abord, puis la tête, et on remet l'œuf sous la mère. Il faut bien se garder d'ôter le poussin de sa coquille, parce que, même à cette époque, l'incubation n'est pas complète, et si on détachait le poussin trop tôt, c'est-à-dire à un moment où son nombril présenterait un fragment de jaune ou de caillot de sang, le poussin serait perdu. Dans la plupart des cas, il faut laisser à la nature le soin d'achever son ouvrage, il y a des poussins qui mettent beaucoup plus de temps à éclore les uns que les autres, ce qui ne les empêche pas de se développer ensuite tout aussi bien.

La veille ou l'avant-veille de l'éclosion, en visitant les œufs pendant que la mère mange, on entend les poussins chanter dans leur coquille.

Parfois aussi, après que l'époque de l'éclosion est passée, on entend le poussin crier, bien que sa coquille soit encore intacte. Dans ce cas, on casse la coquille avec précaution du côté de la grosse extrémité de l'œuf, à une place à laquelle on aperçoit un petit vide, c'est là que se trouve le bec du poussin ; aussitôt qu'on est parvenu à faire une petite fente, il faut remettre l'œuf sous la couveuse. Quelquefois, on sauve le poussin.

Il ne faut visiter la couvée que vingt-quatre heures après la première éclosion ; c'est alors qu'on peut recourir avec la plus grande précaution aux moyens que j'indique. Si, à cette époque tous les poussins n'étaient pas éclos, et que cependant aucun accident ne se manifestât, il faudrait laisser la nature achever son ouvrage. Cependant il arrive quelquefois que, lorsque la mère a un certain nombre de poussins bien éveillés, elle veut quitter son nid pour vaquer aux soins maternels, et elle abandonne les œufs qui ne sont pas éclos. Dans ce cas, on lui enlève tous ses poussins, on les place dans un panier garni de plumes dans un endroit chaud, on la tient dans l'obscurité et elle achève sa couvée ; on lui rend alors ses poussins.

Lorsque l'éclosion est achevée, il faut enlever les coquilles du panier, si la mère ne les a pas ôtées elle-même, et, la première fois qu'on lève les poussins avec leur mère, il est nécessaire de changer la paille qui a servi à l'incubation ; elle est souvent infestée d'insectes : il faut la brûler et non la jeter avec négligence à terre dans le poulailler. Pour lever une poule de dessus ses œufs ou ses poussins, il faut la prendre par les ailes en les écartant, parce qu'il se trouve souvent des œufs ou des poussins qui y sont cachés; si on la levait brusquement, on les ferait tomber hors du nids.

3. — Incubation d'œufs de poules par une dinde.

Il est indispensable, quand on fait couver un certain nombre de poules, d'avoir un petit registre sur lequel on inscrit le jour où l'on confie les œufs à la couveuse, qu'on désigne, soit par un numéro placé sur son nid, soit par son signalement. Sans ce soin, on peut laisser couver inutilement une poule dont les petits auraient péri dans la coquille par un accident quelconque, ou être indécis sur le jour des éclosions, ce qui ferait négliger les soins qu'elles exigent, etc., etc.; ce registre, très-facile à tenir, est indispensable pour les poules comme pour tous les autres oiseaux de basse-cour qu'on met à couver.

Quand on manque de poules pour la couvée ou qu'on veut empêcher de couver celles qui demandent à couver ou qu'on veut avoir un plus grand nombre de poussins, on peut employer des dindes pour couver. On traite ces couvées absolument comme je l'ai dit pour les poules. Une bonne dinde peut couver trente à trente-deux œufs, même trente-six s'ils sont petits. Elle prend de ses enfants adoptifs le soin le plus tendre, et ils répondent à sa tendresse : une couvée a donc autant de chances de succès avec une dinde qu'avec des poules. On peut aussi lui confier les poussins d'autres couvées, elle les accueille avec bonté, de même qu'on peut lui enlever les poussins à mesure qu'ils naissent et lui confier d'autres œufs sans craindre de la fatiguer, parce que, si elle couvait ses propres œufs, la couvée durerait trente jours; il y a donc peu de différence entre une couvée d'œufs de dinde et deux couvées d'œufs de poule. Pour que la dinde se décide à couver, il n'est pas nécessaire d'avoir un dindon.

4. — Incubation artificielle.

Je ne puis pas terminer l'article de l'incubation sans dire quelques mots de l'incubation artificielle; elle était plus en usage chez les anciens que chez nous. Les Égyptiens, dont les mœurs, les habitudes et les besoins étaient si différents des nôtres, en faisaient un grand usage; mais je crois que leur climat leur faisait des couvées artificielles une nécessité, et influait de la manière la plus heureuse sur le succès. L'art de l'incubation était chez eux un secret que les prêtres possédaient seuls; car, en Égypte, comme dans tout l'Orient, les prêtres avaient le monopole des choses merveilleuses pour les exploiter, et ajouter plus de lustre à leur caste. Il paraît qu'ils ont gardé longtemps ce secret, mais il a fini par être dévoilé, et l'incubation artificielle s'est répandue dans le monde civilisé, qui était alors la Grèce. Olivier de Serres donne, dans son *Théâtre de l'Agriculture,* une description assez détaillée de cet art. C'est pour étudier l'incubation artificielle que Réaumur a inventé ses thermomètres, si utiles dans une foule d'autres applications. Mais il paraît que ses essais n'ont pas été suivis d'un succès complet; il est donc inutile de les décrire.

De notre temps, des tentatives plus ou moins heureuses ont été faites par différentes personnes. On cite M. Boine, qui avait créé un établissement de ce genre au Plessis-Piquet, et qui y avait obtenu des succès qui, sans doute, n'ont pas eu de suites, car il n'en est plus question ; puis MM. Bonnemain, Sorel, Lemaire, qui ont eu le même sort ; enfin, depuis quelques années, un Américain, M. Cantelo, a monté à New-York d'abord, puis ensuite à Brigthon, près de Londres, des établissements de ce genre ; tout récemment, il en a été créé un autre près Paris, à la Varenne Saint-Maur, sur la propriété de M. Caffin d'Orsigny. Cet établissement est en pleine activité depuis quelques années. Jusqu'à ce jour, le succès paraît suivre cette nouvelle tentative ; mais la question économique n'est pas encore jugée, et c'est la question importante. Je reste convaincu que le plus bel établissement de ce genre ne saurait donner de profits notables à ceux qui le créeraient, parce que je maintiens que l'éducation des volailles ne sera productive, c'est-à-dire ne donnera des *produits nets,* qu'autant qu'on ne sera pas obligé de subvenir aux besoins d'alimentation durant toute l'année. Et dans quel cas serait-on obligé de fournir de la nourriture toute l'année, lorsqu'on élèvera des poulets par centaines ou même par milliers ?... On me dira qu'on aura soin d'entourer le couvoir artificiel de cultures de plantes convenables à la nourriture des poulets. Oh ! c'est alors qu'on se ruinera, car les poulets gâteront plus de nourriture qu'ils n'en mangeront, et, au lieu de coûter 1 fr. 25 à ceux qui les vendront 1 franc, ils leur coûteront 1 fr. 50, s'ils les nourrissent toute l'année.

Si la base de cette nourriture n'était pas des grains utilisés pour la nourriture des hommes, ce qui élève beaucoup leur prix de revient, on pourrait arriver à élever des multitudes de volailles avec avantage, dans un établissement bien dirigé, bien tenu, et ayant des cultures spéciales ; mais malheureusement les poules mangent les mêmes graminées que nous. Je crois donc qu'avant de s'occuper d'établir de grands couvoirs artificiels, il faut trouver un moyen économique d'alimentation.

Je suis bien convaincue de ce que j'avance ici, et je répète que l'éducation des poules, faite en petit par le pauvre, lui est, en proportion, plus profitable qu'elle ne peut l'être même dans une ferme riche et bien organisée, parce que les environs de sa maison, où les poules peuvent chercher leur nourriture, sont presque aussi étendus que ceux d'une grande ferme, et qu'au lieu de cent cinquante têtes de volailles y cherchant leur vie, il n'y en a que dix ou douze. Cependant je reconnais que l'abondance des fumiers d'une ferme offre aux volailles une foule de ressources qui ne sont pas à la portée de la couvée du pauvre; quant aux couvoirs artificiels, comme ils ne sont ni dans l'un ni dans l'autre de ces cas, leurs prétendus profits se convertiront toujours en pertes, sans aucun doute. La difficulté n'est pas seulement dans la réussite de l'élevage, mais dans le prix de revient de la nourriture. La proximité de Paris et de certaines autres villes fort riches pourrait seule offrir quelques chances de profit, à cause du prix élevé auquel s'y vendent les volailles; mais aussi les œufs employés à l'incubation, participant de la cherté des volailles, aussi bien que le salaire des employés de l'établissement, la location de l'établissement, l'intérêt du capital employé à la confection des fours, le prix du combustible, enfin le nombre énorme d'œufs perdus, absorberaient, sans aucun doute, les profits considérables en apparence que l'on pourrait faire sur chaque tête de volaille vendue.

De tout ceci je conclus qu'il n'y a pas à s'occuper de l'incubation artificielle, à moins qu'on n'en fasse un objet d'étude ou de curiosité; or, comme mon ouvrage est une œuvre purement d'utilité, je m'abstiendrai d'entrer dans la description des couvoirs artificiels.

Il en est autrement des couveuses, ou, pour mieux dire, des mères artificielles; elles peuvent être employées avec avantage à l'élevage des poules. Aussi vais-je extraire de ma *Maison rustique des Dames* l'article qui traite de ces mères, car je ne trouve rien de mieux à dire sur ce sujet que ce que j'ai déjà dit.

5. — Mères artificielles.

Une mère artificielle consiste en une peau d'agneau tannée et ayant conservé sa laine; on la cloue sur un cadre de bois ayant $0^m,60$ sur chaque face. Ce cadre est posé sur quatre pieds, dont deux ont seulement $0^m,05$ de hauteur, et les deux autres $0^m,10$ à $0^m,12$. Le côté le plus élevé forme le devant de la mère. On cloue également de la peau d'agneau sur les côtés, sur le devant et le derrière; mais on ne fixe pas au bas des pieds la peau placée devant et celle placée derrière, et qui tombe jusqu'à terre. On place cette espèce de petite maison sur une boîte de même dimension, qui se ferme et s'ouvre à volonté; l'intérieur de cette boîte est garni d'une plaque de tôle d'un millimètre environ d'épaisseur; celle qui garnit le couvercle est percée de petits trous. On renferme dans cette boîte des briques, des carreaux ou des pierres chauffées, puis on place la mère dessus. On accroche avec un ou deux petits crochets au-dessus de la chaufferette une planche qui retombe en pente jusqu'à terre, et forme un petit promontoire pour conduire les jeunes poussins sous la mère artificielle. On les y met d'abord, et ils se trouvent dans une petite chambre obscure, chaude, et dont toutes les parois sont douillettes; ils en sortent par devant et par derrière pour aller manger. La peau, qui n'est pas fixée à la base, se soulève pour les laisser passer, et retombe à l'instant. Si quelques-uns n'avaient pas l'instinct de rentrer sous la mère, on les y remettrait, et, après une ou deux leçons, ils y rentreraient d'eux-mêmes. Cette mère remplace très-bien la poule pour la chaleur.

Comme la mère est plus basse d'un côté que de l'autre, elle est aussi plus chaude; elle peut recevoir des poussins de plusieurs tailles; les grands ne pouvant pénétrer dans l'endroit trop bas pour eux, les plus petits s'y réfugient; enfin si les faibles étaient encore brusqués, chassés par les forts, ils sortiraient de dessous la mère sans le moindre effort, et, comme ordinairement les querelles de poussins sont de courte durée et sans rancune, les battus pourraient rentrer sous ce toit hospitalier. Il suffit de s'assurer, de temps en temps, si la chaleur de la boîte est suffisante, et de renouveler le moyen de chauffage, en cas d'insuffisance.

Le soir, comme leur chambre, ouatée en quelque sorte, n'est plus refroidie par le mouvement continuel des poussins qui entrent et qui sortent, et que d'ailleurs ils y sont entassés comme sous le ventre de la mère, la moindre chaleur suffit. Il faut avoir le soin, tous les matins, d'enlever la mère artificielle et de nettoyer le couvercle de la boîte chaude. On peut, lorsqu'il fait chaud, transporter tout l'appareil dehors et le mettre au soleil. Alors la chaleur de la boîte sera inutile; celle de la peau sera suffisante. On peut placer la mère artificielle sous une mue un peu plus grande que les mues ordinaires, parce qu'elle occupe plus de place qu'une poule. On donne à boire et à manger aux poussins tout à fait comme s'ils étaient véritablement sous la mère, et ils agissent de même.

Avec une mère artificielle comme celle que je viens de décrire, et qui est très-peu coûteuse, on peut parer aux accidents qui privent quelquefois les jeunes poussins de leur mère, ce qui les rend très-difficiles à élever et cause souvent leur mort. Lorsqu'on a fait couver des poussins à une dinde ou à une poule bonne couveuse, on peut aussi lui enlever les poussins à mesure qu'ils naissent, et lui donner d'autres œufs, ou réunir les poussins de plusieurs couvées et enfermer les mères, comme je l'ai indiqué, pour éteindre l'ardeur qu'elles ont à couver et leur faire oublier leurs petits afin d'obtenir une seconde ponte. Les poussins, avec cette mère artificielle, ne demanderont qu'un peu plus de soin, puisqu'il faudra leur apprendre à connaître leur lieu de refuge, les rentrer et les faire sortir selon le temps, et entretenir dans la boîte une chaleur convenable.

Les poussins élevés sous la mère artificielle seront nourris comme les autres; cependant, comme ils seront privés de la variété de nourriture, et surtout des insectes que leur mère leur trouve, il faudra tâcher d'y suppléer. On leur laisse leur mère artificielle tant qu'ils en font usage. Il convient aussi de les appeler chaque fois qu'on leur distribue de la nourriture, afin qu'ils s'habituent à se réunir, comme lorsque la mère véritable les appelle. Si la laine de la peau d'agneau était salie par les excréments des poussins, il faudrait la laver et l'exposer à l'air et au soleil pour la bien faire sécher avant de la remettre sur les poussins, lors même que la laine ne paraîtrait pas sale. Ce soin est nécessaire pour détruire les mites et les poux qui envahissent souvent les poussins.

J'ai lu et j'ai souvent entendu dire qu'on pouvait parvenir à faire couver des chapons et à leur faire conduire des poussins. J'ai plusieurs fois tenté d'utiliser ainsi des chapons, mais toujours sans succès; je pense que c'est un tour de force auquel on parvient parfois, à force de patience; mais je ne crois pas pouvoir citer ce moyen comme une ressource.

Ce qui me fait penser, d'ailleurs, que les auteurs qui ont rapporté ce fait ont écrit sans connaissance de cause, c'est qu'ils disent aussi que les coqs perdent la voix par suite de la castration, ce qui n'est pas vrai. Un chapon parfait chante bien, quoiqu'il chante moins souvent et avec moins d'ardeur qu'un coq.

6. — Soins à donner aux poussins et aux mères.

Comme je l'ai dit, à l'article *Incubation*, si les œufs ont été bien couvés et que la température ait été convenable, les poussins commencent à éclore le vingt ou vingt et unième jour de l'incubation; on les entend chanter dans la coquille dès le dix-huitième ou dix-neuvième jour, et ils *bêchent* (permettez-moi cette expression qui manque en français) leur coquille le dix-neuvième jour au soir, c'est-à-dire qu'on y aperçoit une petite cassure en étoile; mais, la couvée n'étant arrivée à la perfection que le vingt et unième jour ordinairement, il ne faut compter que sur cette époque. Le vingt-deuxième jour, tous les poussins doivent être nés.

Comme je l'ai dit aussi à l'article *Incubation*, on est quelquefois obligé de leur venir en aide; mais, comme il y a toujours danger à ne pas laisser agir la nature, on ne doit secourir le poussin que lorsqu'on voit qu'il est près de s'épuiser en efforts inutiles. En effet, il arrive quelquefois que, l'œuf étant *béché*, la coquille se brise plus que de coutume, et alors il semblerait que le poussin est arrivé à la perfection, ce qu'il est très-difficile de déterminer lorsqu'il est encore en partie dans la coquille. Si, dans ce cas, on l'aidait à naître, il mourrait aussitôt après. Il ne faut donc rien tenter qu'après les vingt et un jours écoulés, et après avoir constaté les efforts répétés et inutiles du pauvre poussin.

On laisse les poussins vingt-quatre heures sous la mère sans s'occuper de leur nourriture; cependant, s'il y avait inégalité dans l'incubation, il faudrait prendre les premiers-nés qui commenceraient à montrer leur petite tête bien éveillée à travers les plumes de la mère, les en éloigner et leur donner des miettes de pain bien fines; on en jette sur le dos des poussins, qui les becquettent plus facilement sur leurs frères que si on leur jette ces miettes à terre.

Lorsque toute la couvée est bien dégourdie, on place la mère sous une mue. La mue est une invention cruelle, mais elle est trop souvent nécessaire pour que j'en proscrive l'emploi. C'est une cage conique de 1 mètre de haut sur 3 mètres de circonférence, faite en osier à claire-voie, et dont les barreaux sont assez espacés pour permettre aux poussins de sortir et de rentrer librement, mais pas assez pour livrer passage à la poule. C'est de là que la pauvre mère voit ses poussins courir à l'aventure sans qu'elle puisse les suivre et leur porter secours; c'est de là qu'elle les rappelle près d'elle au moindre danger : ils obéissent d'abord à sa voix, mais finissent par être moins dociles et ne plus répondre à son cri de ralliement.

S'il fait froid, la mue doit être placée dans une pièce saine et chaude, ou dans un coin de cour bien abrité; s'il fait chaud et si le soleil donne sur la mue, ce qui est très-favorable, il faut la couvrir de toile ou de paille, pour que les rayons du soleil ne donnent pas directement sur les poussins, au moins dans toute l'étendue de la mue. On met sous la mue une assiette peu creuse avec de l'eau claire; s'il fait froid, l'eau doit être tiède; puis on jette de la mie de pain émietté pour les poussins, et on ajoute du grain pour la mère, car malgré sa tendresse maternelle, sa gloutonnerie l'emporte, et elle avale ordinairement la plus grande partie de la provision destinée à ses poussins. Il faut faire plusieurs distributions par jour, et ne laisser les poussins sous la mue que pendant deux heures le premier jour, et encore il faut que ce soit pendant une heure de la matinée et une heure de l'après-midi.

Quand les poussins ont mangé, on les prend et on les couche dans le panier qui a servi à la couvée; quelquefois la mère suit la personne qui les emporte, et va se poser d'elle-même sur son panier; d'autres fois il faut l'y placer et même l'y couvrir, parce qu'elle pourrait en sortir et y laisser les poussins se refroidir. Il est même convenable de lui faire un nid à terre bien garni de paille, parce que, lorsque les poussins sont plus forts, ils sortent et rentrent à volonté sous la mue, sans accident, tandis que, si on les laissait dans la case à couver ou dans le panier où aurait couvé la mère, ils tomberaient sans cesse, et ces chutes occasionneraient beaucoup d'accidents.

Dès le troisième jour il faut remplacer le pain par du froment, auquel on peut mêler avec avantage du chènevis et du millet; le froment leur convient beaucoup mieux que le pain, dont on persiste ordinairement à les nourrir.

On pourrait penser que les grains de froment sont trop gros pour leur petit bec; point du tout, ils l'avalent avec facilité et voracité.

Si ces poussins se mouillent, leurs plumes restent couvertes d'une viscosité très-collante qui pourrait leur occasionner une maladie; il faut, dans ce cas, les laver avec de l'eau claire et les exposer ensuite au soleil s'il est bien chaud, ou à un feu assez vif, dont on les sépare cependant par un garde-feu en fil de fer ou en filet, afin qu'ils ne puissent pas s'y brûler. On les y maintient en plaçant de la nourriture devant ce garde-feu.

Vers le cinquième jour, les poussins commencent à sortir à travers les barreaux de la mue et à se promener. Si on a placé la mue dans une cour fréquentée par d'autres animaux, les poussins se réfugient sous la mue et sous leur mère à la moindre alarme, d'autant plus que la mère, inquiète, les rappelle sans cesse.

Bientôt ils sont assez forts pour qu'on leur permette un séjour plus prolongé au dehors et même une petite promenade hors de la mue avec leur mère; mais il faut encore longtemps avoir soin de leur laisser à manger sous la mue, de les lever le matin avant le lever du soleil, et de les coucher le soir avant qu'il ait disparu. Vers le huitième jour, les plumes de la queue et des ailes commencent à pousser, c'est la première crise de leur vie; à ce moment ils demandent plus de soins; il ne faut pas les laisser à l'humidité, on doit les coucher le soir plus tôt qu'à l'ordinaire, et les bien nourrir. Lorsque les plumes de la queue et des ailes commencent à se montrer, ils sont à peu près sauvés. On peut alors les laisser libres dans la basse-cour avec leur mère, en ayant soin, toutefois, de les appeler une, deux ou trois fois par jour pour leur donner à manger. Il faut veiller à ce qu'ils rentrent le soir dans un nid préparé à dessein à terre, et ne pas les laisser à la pluie, surtout lorsqu'ils sont nés avant qu'il fasse chaud. Lorsqu'ils commencent à s'emplumer, la pluie a moins d'influence sur eux, mais elle leur est toujours nuisible.

A un mois, cinq semaines, les poussins ne réclament plus de soins particuliers; il faut seulement veiller à ce qu'ils assistent à la distribution générale, et si on n'en fait pas aux volailles de la basse-cour, on leur en fait une pour eux, ce qui est facile s'ils ont été habitués à venir à l'appel.

Je dois dire ici qu'en moyenne on ne doit compter que sur l'éclosion de la moitié des œufs qu'on a mis à couver, non pas qu'il n'en éclose que la moitié, mais le chapitre des accidents est si étendu dans l'élevage des volailles, qu'on ne doit point espérer de plus grands résultats. Lorsqu'on n'a qu'une ou deux couvées à élever, on peut espérer mieux; mais, à moins de circonstances très-favorables, la moitié de la couvée arrive seule à l'état parfait de poulet. Les couvées qui éclosent en mai, juin et même juillet, ont plus de chances de succès, mais aussi les poulets sont moins gros et les poulettes ne pondent que l'année suivante, surtout celles qui naissent à la fin de juin et de juillet; en retour ils coûtent beaucoup moins à élever, parce que c'est l'époque de la moisson, et les volailles profitent d'une grande quantité de grains qui seraient perdus sans elles.

Les poulets quittent leur mère environ à six semaines; ils savent alors très-bien chercher leur nourriture; mais le moment de les manger n'est pas encore venu; ils ont trop peu de chair. A trois mois on peut commencer à les manger sans qu'ils aient été engraissés; ils sont bien nourris, ils sont ce qu'on appelle *en chair*, et leur croissance, à cet âge, est trop rapide pour qu'ils puissent prendre de la graisse. Ce n'est que vers quatre à cinq mois qu'on peut tenter de les engraisser, encore n'y parviendra-t-on pas aisément avant qu'ils aient atteint toute leur taille, ce qui, même dans les races précoces, n'arrive que vers six mois.

7. — Soins généraux à donner aux poules — Devoirs de la fille de basse-cour.

La même personne doit toujours être chargée de donner à manger à la volaille, de dénicher les œufs, de mettre à couver et de soigner les couveuses et les poussins, d'entretenir le poulailler. Elle doit distribuer la nourriture *à des heures parfaitement régulières*, pour s'assurer si le nombre des volailles est complet et si aucune n'est malade. Lorsqu'elle s'aperçoit qu'il en manque, elle doit les chercher. Les volailles doivent être comptées souvent. Pour cela, on se place à la petite porte du poulailler, qu'on ouvre assez peu pour que chaque bête ne passe que difficilement. On les compte à mesure qu'elles sortent. Le soir, il faut s'assurer qu'il n'est pas resté quelque volaille hors du poulailler : le renard ou les fouines en feraient leur profit. Lorsque les volailles prennent l'habitude de percher sur les arbres ou sous quelque hangar, il faut découvrir le lieu de leur retraite, puis attendre la nuit pour aller les y prendre et les reporter dans le poulailler. Quelquefois une poule prend la manie d'aller pondre dans un lieu caché ; il faut la surveiller et chercher à la prendre au moment où elle va pondre, puis la mettre dans un nid du poulailler. Cependant, si elle met une grande persistance à fuir le poulailler, il vaut mieux arranger le nid qu'elle s'est choisi, tâcher de le mettre à l'abri des chiens, et laisser la poule y achever sa ponte; lorsqu'elle l'a terminée et qu'elle couve, on l'enlève, le soir, soigneusement, avec ses œufs et son nid, on la transporte dans le poulailler des couveuses, et on la couvre. Elle finit par oublier sa cachette.

Chaque année, il faut réformer les poules qui ont atteint leur quatrième ou cinquième année, et les remplacer par de jeunes poulettes qu'on a choisies soigneusement ; car l'amélioration de la race doit toujours occuper une fermière qui désire avoir une belle et bonne basse-cour.

Il n'y a que la personne qui soigne habituellement les poules qui puisse connaître leur âge : il n'en est pas de même pour le choix des jeunes bêtes à conserver; il doit être fait par des personnes qui connaissent les caractères de la race qu'on veut élever. Si l'on a introduit dans la basse-cour une nouvelle race, on peut être sûr que la fille chargée de la soigner fera tous ses efforts pour la détruire et revenir à la race du pays, qu'elle a vue depuis qu'elle est au monde et à laquelle elle ne trouve pas un défaut, tandis qu'elle en trouve une multitude à la nouvelle race, fît-elle des merveilles. Cette résistance des gens de la campagne contre les choses nouvelles s'étend à tout, et c'est un des plus grands obstacles à la propagation des nouvelles méthodes. Pour qu'une poule d'une espèce nouvelle fût trouvée bonne dans un pays où elle est importée, il faudrait qu'elle pondît des œufs d'or ; encore irait-on chez l'orfèvre s'assurer du titre de l'or.

Ce que j'ai dit sur ce sujet n'est point exagéré : j'ai été bien des fois témoin, non de poules pondant des œufs d'or, mais de la répugnance des gens de la campagne pour une nouvelle race, et de leurs efforts pour lui trouver et lui donner des défauts. Souvent dix ans ne suffisent pas pour convaincre un paysan, qui exige toujours que la chose nouvelle qu'on lui donne *soit parfaite*, alors même que la sienne est détestable.

CHAPITRE VIII

CHAPONS ET POULARDES

1. — Chapons.

On donne le nom de chapon aux coqs auxquels on ôte la faculté de se reproduire. Dans cet état d'humiliation, les coqs prennent plus de développement, leur chair est plus délicate et leur engraissement plus facile.

C'est environ à l'âge de quatre mois qu'on fait subir aux coqs la castration; si on les opérait avant cet âge, ils ne prendraient pas assez de développement; si on les opérait plus tard, ils succomberaient en grand nombre aux suites de l'opération; il faut choisir un temps un peu frais, plutôt humide que sec, et éviter les grandes chaleurs.

Avant de les faire chaponner, il faut réunir sous une mue tous les jeunes coqs en état de subir l'opération et les examiner avec soin, afin de faire son choix pour conserver les coqs destinés à renouveler ceux de la basse-cour; on procède ensuite à l'opération sur les autres.

Il faut toujours opérer les coqs le matin afin qu'ils soient à jeun et que leurs intestins soient vides; on se munit de couteaux ou de ciseaux bien tranchants, et d'une grosse aiguille enfilée de fil ciré. Si on a un grand nombre de chapons à faire, il faut avoir un bon bistouri, parce que plus la blessure est nette, et plus elle a de chances de guérison. Il est nécessaire d'être deux personnes pour chaponner : l'aide place l'animal sur le dos, la tête en bas, sur les genoux de la personne qui doit chaponner, et le tient solidement, le croupion tourné vers l'opérateur, la cuisse droite fixée le long du corps, et la gauche portée en arrière, afin de découvrir le flanc gauche sur lequel l'incision sera faite. Après avoir arraché les plumes depuis la pointe du sternum jusqu'à l'anus, on pince la peau longitudinalement et on fait une incision transversale d'environ $0^m,04$ de longueur depuis l'anus jusqu'au flanc droit au-dessous du sternum. La peau incisée, on découvre un muscle; on le soulève à l'aide de l'aiguille ou d'un petit crochet en fer appelé érigne, on le sépare des intestins et on le coupe avec les ciseaux ou le bistouri; on voit alors le péritoine, membrane lâche, mince, transparente; on lui fait une incision assez large pour permettre d'introduire le doigt dans le ventre. Si quelques portions intestinales tendent à s'échapper, l'opérateur les repousse, puis, introduisant dans le ventre le doigt indicateur de la main gauche bien graissé, il le dirige sous les intestins, dans la région des reins, un peu sur le côté droit du milieu du croupion. Il est assez difficile d'arriver jusque-là, surtout si le coq est de grosse espèce. Là le doigt rencontre un corps gros comme un haricot assez fort, qui est lisse et mobile, quoique adhérent; on l'arrache et on l'attire vers l'ouverture par laquelle on le fait sortir, ce qui demande de l'adresse et de l'habitude. Ce corps échappe quelquefois avant d'être extrait, et il est très-difficile de le retrouver; s'il a été bien détaché, il peut rester dans le corps de l'animal sans grave inconvénient; mais il vaut mieux le retirer. On procède de la même manière pour le second rognon, qui se trouve à côté de l'autre, du côté gauche, puis on lave les lèvres de la plaie avec un peu d'eau-de-vie camphrée, ce qui n'est même pas indispensable, et on les maintient en contact par quelques points de suture pratiqués avec l'aiguille et le fil ciré.

Pour placer ces points de suture, il faut avoir soin, chaque fois qu'on enfonce l'aiguille, de soulever la peau, afin d'éviter de blesser les intestins et de les prendre dans la suture, ce qui arrive quelquefois et entraîne presque toujours la mort de l'animal. Les soins à lui donner après la castration consistent à le mettre d'abord sous une mue dans un lieu paisible et à le laisser vingt-quatre heures sans autre nourriture qu'un peu de mie de pain trempé dans du vin; il vaut mieux ne pas le lâcher dans la basse-cour, parce que dans son état de souffrance il peut être attaqué par les autres volailles, et que ses efforts pour se défendre nuiraient beaucoup à la cicatrisation de sa plaie. La petite cour du poulailler des couveuses peut encore être employée à cet usage, parce que les mères occupées de leurs poussins ne songent guère à leurs voisins. D'ailleurs, dans la saison où on fait les chapons, il n'y a plus guère de poulets assez jeunes pour qu'on les tienne enfermés dans leur cour.

Il faut aussi laisser les chapons coucher à terre sur de la paille fraîche, parce qu'en se juchant ils peuvent faire des efforts nuisibles à leur rétablissement. On pourrait, après la castration, leur donner un peu de mie de pain trempée dans du vin, afin de les stimuler. Il est bon, le lendemain de la castration, et pendant trois ou quatre jours, de leur donner de la farine et du son imbibés d'eau ; après ces premiers soins, on leur rend leur liberté.

Il est nécessaire de ne pas tenir les chapons trop longtemps écartés de la basse-cour, parce que leurs camarades ne voudraient plus les reconnaître, et ils auraient à soutenir des combats d'installation, ce qu'il faut surtout éviter. C'est pour prévenir ces accidents que quelques fermières ont le tort de les lâcher dans la cour deux ou trois heures après la castration, sans autre soin particulier que de leur avoir donné à manger et à boire sous la mue.

Il arrive presque toujours que quelques sujets, ou plus difficiles à opérer, ou chez lesquels l'opération est moins bien faite, meurent presque aussitôt ; il faut les saigner tout de suite ; ils sont très-bons à manger. Les filles de basse-cour disent que, lorsqu'un chapon ne mange pas sous la mue, il est perdu.

On a l'habitude de couper la crête des coqs dès qu'ils ont subi la castration ; c'est une cruauté inutile, mais il faut avoir soin de la couper dès qu'on les a tués, parce qu'on vendrait mal des chapons qui ont leur crête.

Les crêtes et les rognons des chapons sont très-recherchés sur les grands marchés. On les sert dans certains ragoûts comme les pâtés chauds, les fricassées de poulet, la tête de veau en tortue, etc., etc. : c'est un manger fort délicat.

Si l'on voyait quelque chapon languissant le lendemain ou les jours qui suivent la castration, il faudrait le prendre et visiter la plaie. Si elle était enflammée, on la laverait avec de l'eau tiède et une petite éponge ou un morceau de linge doux, puis on la frotterait une ou deux fois par jour avec un peu de pommade camphrée. Mais, si l'intestin a été fortement offensé, il n'y a pas de remède, l'animal périt. Souvent on met de l'huile et de la cendre sur la suture : je présume que c'est pour en éloigner les mouches, je ne conseille pas cette pratique, dans la crainte que ces corps étrangers ne s'opposent à la reprise de la plaie. Quand l'opération est bien faite, elle réussit presque toujours.

2. — Poulardes.

On appelle poulardes les poules qu'on amène à un état de graisse complet avant qu'elles aient pondu. C'est une erreur fort accréditée que de dire qu'il faut castrer les poules pour en faire des poulardes. Je sais que cette opération est praticable; mais elle est certainement difficile, car j'ai voulu l'essayer à plusieurs reprises, comme elle est décrite dans une foule de livres qui traitent des volailles, je n'ai jamais pu réussir à enlever les deux petits corps jaunâtres et accolés l'un à l'autre qu'on appelle ovaires. J'ai même essayé sur des poules que j'avais chloroformées pour paralyser toute résistance qui aurait gêné l'opération ; tous mes efforts ont été inutiles, et j'ai acquis la certitude qu'à la Flèche et au Mans, pays classiques des poulardes, on ne fait subir aucune opération aux poules pour en faire des poulardes. On verra, par la recette que je donnerai pour l'engraissement, que, pour arriver à faire une poularde de la Flèche, il y a des conditions essentielles et assez difficiles qu'une longue expérience permet seule de remplir.

3. — Élevage et nourriture des chapons et poulardes.

Si on veut se livrer un peu en grand à l'élevage des chapons et des poulardes, il faut, aussitôt qu'ils ont atteint leur entière croissance, les faire entrer deux fois par jour, à une heure fixe, dans une cour fermée pour leur donner à manger, ce qui est assez facile, car les volailles connaissent très-bien l'heure de la distribution et apprennent facilement à suivre la personne qui la leur fait. On les dispose ainsi à l'engraissement par une nourriture abondante, bien réglée et variée, puis on les met à l'engrais. Si on est placé assez à proximité d'un marché où les volailles grasses puissent se vendre un bon prix, car l'engraissement parfait est une chose coûteuse, la spéculation peut devenir bonne. On achète alors des volailles dans les basses-cours du voisinage pour les joindre à celles qu'on élève. Mais je répète qu'il faut se trouver placé dans des conditions favorables de vente et d'alimentation. Si les comptes de dépenses et recettes se balançaient avec avantage, on pourrait même étendre cette spéculation à mesure qu'on acquerrait de l'expérience et du savoir-faire. Je crois qu'il y a plus à étudier et à gagner sur cette question que sur celle de l'incubation artificielle. Aussi, je le répète, c'est sur la question de l'alimentation que doivent porter les études.

J'ai vu des calculs faits par des gens instruits qui indiquaient 125 gr. de nourriture par jour pour un poulet de trois mois ; or, d'après ce compte, 1 kilog. ne nourrirait un poulet que pendant huit jours, ce qui représente une consommation de 4 kilog. par mois, de 8 kilog. pour deux mois, et de 12 kilog. pour trois mois. Quelle que soit l'espèce de grain qu'on fasse consommer, son prix dépassera toujours la valeur totale de la bête, surtout si on y joint ce qu'il a fallu dépenser pour l'amener du jour de sa naissance à l'âge de trois mois, puis ce qu'il faut pour achever l'engraissement de six à sept mois, âge où elle commence à être vendable. Si l'on veut obtenir de très-belles bêtes, il faut les laisser arriver au moins à huit mois. On verra que la valeur du poulet ne pourrait rembourser ces frais. Je vais essayer, dans le chapitre suivant, de donner quelques procédés d'engraissement les moins coûteux possibles, ces procédés, joints à ceux que j'ai donnés pour l'alimentation jusqu'à l'engraissement, permettront, j'espère, de produire des volailles grasses avec moins de frais qu'en suivant les procédés généralement usités.

CHAPITRE IX

ENGRAISSEMENT

Toute la volaille n'est pas destinée à l'engraissement, on consomme beaucoup de volailles qu'on n'a jamais songé à engraisser. Les éleveurs vendent aussi une grande quantité de volailles maigres aux personnes qui font métier de les engraisser, ou aux petits ménages qui les achètent pour les engraisser chez eux pour leur propre usage; toutefois il y a des pays où les fermiers élèvent et engraissent, mais ce n'est pas général.

1. — Engraissement des poulets.

Il est difficile d'engraisser parfaitement un poulet qui n'a pas atteint toute sa croissance; cependant on peut le mettre en chair et même lui faire prendre de la graisse. Dans cet état il est délicieux à manger, bien qu'il n'ait pas le même goût qu'une volaille dont l'engraissement est complet : sa chair est très-tendre et a un goût plus relevé. Pour amener un poulet à cet état de graisse, il n'est pas absolument nécessaire de l'enfermer dans une épinette comme on y enferme une volaille adulte. On peut le laisser libre et lui donner deux fois par jour du grain à manger, outre ce qu'il trouve lui-même. Le maïs et le sarrasin conviennent parfaitement. On peut aussi lui donner une pâtée composée de pommes de terres bouillies et écrasées et d'un peu de recoupe, ou mieux de farine non tamisée. On peut joindre, si la saison le permet, un repas de betteraves coupées comme je l'ai indiqué page 38.

Lorsqu'on a habitué un certain nombre de poulets à venir recevoir cette ration à des heures régulières, ils y viennent au premier appel ; mais il faut faire bonne garde autour d'eux pendant qu'ils mangent, car les autres volailles auraient bientôt dévoré ce qu'on leur donnerait : il vaut mieux les faire entrer dans la petite cour dont j'ai déjà parlé, ou dans un *petit parc* analogue à celui qu'on fait pour les moutons, et qui peut être composé de claies en osier. Dans les premiers jours, on prend les poulets dans le poulailler le matin et on les met dans le petit parc, où on leur distribue leur provende ; puis, lorsque le repas est fini, on les fait sortir, sans les effrayer, en enlevant une des claies ; au bout de quelques jours, ils y accourent au premier appel. En trois ou quatre semaines, on a, par ce procédé, des poulets excellents.

On pourrait engraisser aussi par ce moyen des bêtes adultes, mais l'engraissement serait beaucoup plus long et moins parfait qu'au moyen des épinettes. Dans tous les cas, il est toujours convenable de commencer l'engraissement de la manière indiquée pour les poulets, douze ou quinze jours d'épinette suffiraient ensuite pour le compléter, tandis que lorsqu'on met les volailles *sans chair* dans l'épinette, il faut au moins dix-huit à vingt et un jours pour les engraisser ; encore n'ont-elles pas toute la chair convenable ; elles peuvent devenir grasses, mais elles ne sont pas *rondes*. Pour les adultes, il convient mieux de les tenir constamment enfermées dans le petit parc, et surtout de ne pas mêler les coqs avec les poules, ni même les chapons, qui sont timides, et seraient tourmentés par les poules et les coqs. Si donc on se livrait un peu en grand à l'engraissement, il faudrait avoir un petit parc pour chaque espèce de volailles.

Il serait peu coûteux d'avoir deux, trois ou même quatre de ces petits parcs dans une exploitation où on élève beaucoup de volailles, et je suis convaincu que la facilité, la promptitude et la perfection de l'engraissement auraient bientôt payé ces frais, et que même les avantages qu'on en retirerait seraient plus considérables qu'on ne peut le penser tout d'abord. La régularité et le classement dans tout ce qu'on entreprend est une des conditions les plus importantes de succès. Au moyen de ces dispositions, on sait au juste ce que l'on

4.

donne à un certain nombre de volailles, et on peut facilement se rendre compte des profits ou des pertes. Le parc se compose de quatre ou de huit claies, selon le nombre de volailles qu'on y veut renfermer; chaque claie doit avoir 1 mètre de hauteur sur 1m,50 de longueur. On les soutient par des piquets. Quand l'éducation est terminée, on serre les claies dans un grenier où on les entasse les unes sur les autres; elles tiennent peu de place et se conservent très-longtemps.

Le soir, après le repas, on laisse les volailles aller se coucher selon leurs habitudes.

D'après ce qui précède, pour avoir des volailles *fines grasses* dans toutes les saisons, il faut engraisser, au printemps, les élèves tardifs de l'automne, c'est-à-dire, les poulets nés en septembre et octobre; en été, ceux qui sont nés en janvier et février; en automne, ceux de mars et avril; enfin en hiver, ceux de mai et de juin. Les poulets nés en septembre et octobre, aussi bien que ceux nés en janvier et février, sont des exceptions qui dédommagent des soins qu'ils exigent par leur prix, qui est beaucoup plus élevé que celui des volailles vendables à la fin de l'automne et en hiver.

2. — Engraissement dans les épinettes.

On appelle épinette une espèce de cage plus ou moins longue, suivant le besoin, formée de plusieurs cases fermées en haut par une planche, glissant dans une coulisse, et en avant par un grillage de bois qui permet aux volailles de passer la tête pour manger. Le plancher de l'épinette, fait en barreaux plats, placés en travers, sur lesquels se juche la bête, donne passage à la fiente; le derrière et les côtés sont fermés avec des planches. Il est très-important que les bêtes à l'engrais ne puissent pas voir leurs voisines. Au-devant de ces petites cellules, dans lesquelles l'animal ne peut pas se retourner, on place une mangeoire qui doit être mobile, afin qu'on puisse la nettoyer facilement. C'est dans cette mangeoire, qui peut avoir 0m,10 de largeur sur 0m,05 de hauteur, qu'on distribue la nourriture liquide ou solide aux volailles à l'engrais. Les cases doivent avoir 0m,50 de longueur sur 0m,40 de hauteur et 0m,25 à 0m,30 de largeur. La cage entière formant l'épinette doit avoir en tout 0m,50 de largeur, sur une longueur déterminée par le nombre de cases qu'on y pratique.

Les épinettes doivent être posées sur des pieds élevés de 0m,60 à 0m,70, afin d'éloigner autant que possible l'animal de ses excréments, et l'endroit où ils tombent doit être garni de cendre ou de sable, *très-souvent renouvelés*.

On ne pourrait pas élever les épinettes davantage, parce qu'il deviendrait difficile de mettre les volailles dans leur case et de les en ôter, ce qu'on fait souvent, quand on veut les engraisser au *pâton*. Les épinettes doivent être placées dans un lieu obscur, sec, et dont on renouvelle l'air aux heures du repas au moyen de deux ouvertures placées vis-à-vis l'une de l'autre. Ces conditions sont des plus importantes.

Je le répète, il faut se garder de mettre dans les épinettes des volailles maigres qui absorberaient une place, des soins et une nourriture de choix, pour arriver à un état de chair qu'elles atteignent facilement en liberté par une bonne nourriture ordinaire. Il faut donc s'assurer de l'état du sujet avant de le soumettre à l'engraissement de l'épinette.

Si l'on veut tirer de cette méthode tout le profit possible, il faut avoir plusieurs épinettes, et avoir soin que toutes les volailles mises le même jour dans les cases arrivent aussi à peu près au même jour à l'état parfait de graisse, ou au moins au degré de graisse qu'on veut obtenir. Car, si on ôte de l'épinette une bête grasse pour mettre une bête maigre à sa place, et que cette bête maigre se trouve placée à côté d'autres volailles sur le point de terminer leur engraissement, le tapage que fait cette nouvelle prisonnière trouble les bêtes grasses et leur fait perdre au moins deux jours d'engraissement, et si cela se renouvelle souvent, on prolonge l'engraissement outre mesure, ce qui en augmente la dépense, et, de plus, on n'obtient pas l'engraissement tel qu'il devrait être. Par conséquent, lorsqu'on enlève une ou plusieurs bêtes grasses de l'épinette, il faut laisser leurs cases vides jusqu'à ce que les bêtes voisines aient atteint leur perfection. C'est pour cela qu'il faut avoir plusieurs épinettes un peu distantes les unes des autres.

Il y a des animaux qui prennent la graisse plus ou moins facilement, plus ou moins vite; on peut juger aisément de ces différences de l'aptitude à l'engraissement dans les gros animaux, tels que le mouton, le porc, le bœuf, et si on le juge moins facilement pour les poulets, c'est qu'on n'a pas fait un assez grand nombre d'observations. Ces connaissances n'existent guère que dans les pays où l'engraissement des volailles est devenu une spéculation généralement pratiquée.

Pour revenir à nos épinettes, après cette utile digression, je conseille de ne remettre de sujets dans une épinette que lorsqu'elle est entièrement vide, et au fait, il n'est guère plus coûteux d'avoir quatre épinettes au lieu d'une ou de deux, et de les séparer les unes des autres par un paillasson ou un volet qui dépasse l'auge de $0^m,50$.

Il y a deux manières d'engraisser les volailles dans les épinettes. Dans la première méthode, on ne met dans l'épinette la volaille que lorsqu'elle est bien préparée à l'engraissement, et on la nourrit de grain pendant deux jours avant de lui donner une nourriture plus substantielle. Si elle n'est pas suffisamment bien préparée, il faut lui donner du grain pendant cinq ou six jours. On ne distribue le grain que trois fois par jour, et aussitôt que la bête cesse de manger, on a soin d'enlever ce qui reste. On lui donne à boire à chaque repas, puis on bouche avec soin les orifices qu'il a été nécessaire d'ouvrir au moment des repas, car il faut que pendant le temps de sa digestion la volaille à l'engrais soit maintenue dans l'obscurité et le silence.

Après quelques jours de ce régime, on peut donner avec avantage le grain moulu et en pâte assez épaisse, délayée avec du lait caillé, ou, ce qui est mieux, avec du lait doux. Il ne faut pas en donner en abondance comme on le fait trop souvent, parce que, dans ce cas, il reste à chaque repas dans l'auge une certaine quantité de pâte qui s'aigrit et même se pourrit, ce qui est plus fâcheux encore. Il faut à chaque repas enlever tout ce qui a pu rester dans l'auge et la laver avec soin, ce qui est très-facile, puisqu'elle est mobile.

Si la bête à l'engrais ne mange pas très-bien la pâtée, il faut lui donner un repas de grain au milieu du jour et mêler du grain à la pâtée, ce qui est préférable, car les volailles mangent souvent mal la pâtée sans grain.

Cette pâtée est plus profitable lorsqu'elle est aigrie par un levain, comme on le fait avec grand avantage pour l'engraissement des porcs. On mêle à la première préparation de pâtée un peu de levain de pain : il suffit ensuite de conserver un peu de la dernière pâtée pour mêler à la suivante, et d'attendre, avant de la distribuer aux volailles, qu'elle soit en fermentation. Mais il faut bien se garder de confondre cette fermentation avec la décomposition qui s'établit dans un aliment quelconque lorsqu'on le garde trop longtemps, et qui est de la pourriture infecte et malsaine.

La plus parfaite régularité dans la distribution des repas est indispensable, parce que les volailles connaissent bientôt l'heure à laquelle elles doivent avoir à manger, et elles l'attendent avec patience ; si on retarde ce moment, elles s'impatientent, crient, se remuent et perdent beaucoup de leur graisse par cette impatience ; si on le donne trop tôt, on les dérange dans leur digestion, elles n'ont pas faim et elles mangent mal. C'est donc une condition importante de l'engraissement que la régularité de la distribution.

On peut faire des engraissements seulement au grain et donner aux volailles à l'engrais toutes sortes de grains, excepté du seigle, qu'elles ne mangent qu'à regret. Elles mangent parfaitement les grains de maïs les plus gros, et cette nourriture, qu'elles dévorent avec une avidité incroyable, leur convient parfaitement, c'est même la plus convenable à l'engraissement sans pâtons. Le sarrasin convient aussi parfaitement, ainsi que le petit froment; il faut donner du grain deux ou trois fois par jour aux volailles à l'engrais, et, aussitôt le repas fini, enlever la mangeoire et laisser les volailles dans l'obscurité et le silence.

Les déchets de battage ne conviennent pas pour la nourriture dans les épinettes, parce que les grains s'y trouvent mêlés avec une assez grande quantité de balles et de graines étrangères que les volailles ne peuvent pas écarter pour retrouver les grains.

Quant à la pâtée, elle peut être faite avec de la farine de n'importe quelle espèce de grain : celle de sarrasin ou de maïs convient très-bien. On peut employer l'espèce de grain qui coûte le moins cher dans le pays qu'on habite, sauf le seigle. La farine d'avoine est convenable, mais elle est moins nourrissante que celle des autres grains, parce qu'elle contient plus de son et qu'en général on ne blute pas les farines employées à l'engraissement de la volaille, ce qui est une faute. Il est tout à fait inutile de chercher à engraisser des volailles uniquement avec du son et même avec de la recoupe. le son et la recoupe ne nourrissent que parce qu'ils contiennent quelques portions de farine. On peut ajouter à la farine des pommes de terre cuites et écrasées, des tourteaux de noix, même de chènevis, quand ils sont frais. Quelques matières animales jointes aux farines de maïs en petites quantités favorisent l'engraissement sans nuire à la qualité de la chair. Il ne faut pas donner de tourteaux seuls ; ils feraient maigrir les volailles au lieu de les engraisser.

On peut donner à boire aux volailles de l'eau et même du lait qu'on leur présente dans de petits pots ; mais, si la pâtée n'est pas trop compacte, les volailles se soucient peu de boire.

Après quinze ou vingt jours d'alimentation à la pâtée, selon l'état de la volaille au moment où on l'a mise dans l'épinette, une bête de bonne race doit être très-grasse ; cependant si on veut arriver à une grande perfection et obtenir des volailles dont l'état de graisse ne permet pas, pour ainsi dire, de leur voir nulle part la chair, il faut, lorsque la bête est arrivée au degré que je viens d'indiquer, l'empâter comme on le verra à l'article *Engraissement des poulardes de la Flèche.*

Je ne saurais trop recommander de ne jamais brusquer les pauvres bêtes soumises à l'engraissement. Cette brusquerie serait une barbarie et de plus nuirait à l'engraissement.

Il arrive quelquefois que la bête à l'engrais ne digère pas bien ce qu'on lui a fait avaler; alors la matière fermente dans le jabot; il enfle outre mesure et cause un malaise extrême au pauvre animal. Dans ce cas, il faut cesser toute alimentation jusqu'à ce que l'estomac soit bien dégagé, et, s'il se renouvelle une seule fois, il faut tuer l'animal, parce qu'il est à craindre que cet accident se renouvelle souvent et retarde l'engraissement.

Cet accident est très-fréquent si on exagère la quantité d'aliments qu'on donne, et si on en donne avant que la bête ait parfaitement digéré, ce dont il est facile de s'assurer en visitant, par le toucher, l'état du jabot.

3. — Mode d'engraissement usité à la Flèche et au Mans.

Voici le procédé à l'aide duquel on engraisse ces admirables volailles que l'on vend 8, 10 et jusqu'à 12 fr. pièce; il peut être appliqué à toutes les volailles, de quelque race qu'elles soient. Je dois la description que je vais en donner à des amis de la Flèche qui pratiquent ce procédé depuis longtemps. Je l'ai expérimenté moi-même depuis dix ans, et toujours avec plein succès.

a. — Choix des poules.

C'est une erreur presque généralement accréditée de croire qu'on fait subir aux poules, pour en faire des poulardes, une opération analogue à celle qui convertit les coqs en chapons; on ne leur en fait aucune; seulement, pour que les poules soient susceptibles de devenir assez grasses et assez fines pour recevoir le nom de poulardes, il faut qu'elles aient été engendrées par un jeune coq; qu'elles aient atteint leur parfait accroissement, qu'elles soient vierges et n'aient pas encore pondu. Toutes les poules réunissant ces conditions engraissent bien, mais toutes ne peuvent pas arriver à cet état parfait de graisse qui les fait appeler poulardes. L'espèce qu'on élève dans ce but à la Flèche est plus forte que la poule commune; elle est robuste et a beaucoup d'analogie avec la poule normande, mais elle n'est pas huppée. En résumé, il faut :

1° Qu'elle ait six à sept mois, qu'elle soit vierge et n'ait pas pondu;

2° Que sa chair sous les ailes soit très-blanche;

3° Que ses yeux, sous la paupière, soient cerclés de rouge;

4° Que ses pattes soient courtes, que son croupion et ses épaules soient larges;

5° Que la peau de ses pattes soit souple et tendre;

6° Enfin, qu'elle soit en bonne chair au moment où on la met dans les cages à engraissement.

b. — Forme des cages.

Les cages à engraissement peuvent être des épinettes comme celles que j'ai décrites à la page 66. Ces épinettes sont plus commodes, mais un peu plus coûteuses que les cages employées par les grands engraisseurs de volailles.

Les cages ordinairement employées sont de grandes boîtes en bois blanc, dont les parois sont à claire-voie. Elles sont placées sur des pieds de 0^m,50 de hauteur. Elles ont 0^m,70 à 0^m,80 de largeur, et 0^m,50 de hauteur. Leur longueur est proportionnée à la quantité de volailles qu'on veut mettre à l'engrais. Le fond de la cage est aussi à claire-voie, afin de laisser échapper la fiente ; il est formé de barreaux plats, espacés de 0^m,10, et placés dans le sens de la longueur de la cage, dont l'intérieur est divisé en cases assez grandes pour loger quatre ou six bêtes ensemble. On place la tête des volailles du côté de la claire-voie sur deux rangs ; et par conséquent leurs queues se touchent. Chaque case est recouverte par un treillage en gros fil de fer ou en grosse toile métallique, ou même en bois, de façon qu'on peut ouvrir une case pour y prendre les volailles qui y sont logées sans qu'il soit nécessaire d'ouvrir les autres cases. Comme les volailles doivent être empâtées, il n'y a pas de mangeoires.

On dispose sous la cage de la paille, de la cendre ou du sable fin très-souvent renouvelé pour recevoir les déjections, qui sont un engrais très-précieux.

Dans mon exploitation les cages sont moins larges et divisées de telle façon que chaque volaille est seule. Il suffit pour cela de faire les cages plus longues et de mettre deux rangées de bêtes dans l'emplacement destiné à en recevoir une. Je les sépare intérieurement par de petites cloisons pleines, en planches très-minces, et, comme les volailles ne doivent jamais manger seules, les parois ne sont pas à claire-voie. Chaque cellule a son couvercle composé d'une petite planche, qui peut être percée de plusieurs trous, afin d'établir un courant d'air avec la claire-voie du bas. Lorsque le repas est fini, je place sur tous les couvercles une pièce de bois en travers qui les maintient par son propre poids. Des séparations évitent le contact des volailles entre elles, qui nuit à la salubrité de l'habitation et trouble le repos qui est nécessaire à l'engraissement, de plus on évite ainsi l'inconvénient de voir une volaille s'échapper quand on prend sa voisine pour la faire manger.

Il est essentiel que la pièce où l'on place les cages soit bien sèche ; l'humidité est très-nuisible aux poulardes. Toutes les ouvertures doivent être soigneusement fermées ; l'obscurité et la tranquillité sont des conditions indispensables de l'engraissement.

La pièce où sont placées les cages doit être tenue avec une extrême propreté, il faut la balayer tous les jours, et enlever avec soin la fiente ainsi que la paille ou le sable qu'on a disposés comme récipient de la fiente.

c. — Nourriture.

Il y a deux espèces de nourriture à employer pour l'engraissement. La première se compose seulement de farine de blé noir (sarrasin) pétrie avec du lait aigre, ou, ce qui est préférable et plus usité, avec du lait doux.

La seconde se compose de trois parties de blé noir ou d'orge et d'une partie d'avoine, moulues ensemble. Cette farine s'emploie comme l'autre, avec du lait.

Dans les deux cas, la farine doit être blutée avec soin ; cette condition est essentielle : de la pureté de la farine dépend la perfection de l'engraissement.

d. — Empâtement

On empâte les poules dès le premier jour qu'on les place dans la cage, et on ne doit mettre dans une même cage que des poules au même degré d'engraissement, parce qu'on augmente la quantité de pâtons à mesure que l'engraissement avance et que la poule les digère avec plus de facilité. Si on procédait autrement, il serait très-difficile de reconnaître quelles poules doivent recevoir plus ou moins de pâtons.

On les empâte deux fois par vingt-quatre heures, de douze heures en douze heures, par conséquent.

e. — Manière de composer et de faire manger les pâtons.

On place la farine dans un vase ou dans un pétrin, selon la quantité qu'on veut préparer ; on fait un trou au milieu de la farine et on y verse du lait; on pétrit exactement, comme pour commencer le pain, et on forme une pâte assez compacte pour qu'elle ne s'attache plus aux mains. Alors on forme des pâtons de la longueur et de la grosseur environ d'un doigt, en les roulant sur une planche; ce n'est qu'après avoir fait tous les pâtons nécessaires au nombre de volailles mises à l'engrais qu'on procède à l'empâtement.

On place la poule sur les genoux d'une personne qui lui ouvre le bec, tandis qu'une autre y introduit le pâton en l'enfonçant avec l'index, autant que possible, sans faire mal à la pauvre bête; puis, avec le même doigt et le pouce, on conduit le pâton jusque dans l'estomac, en pressant doucement le gosier au-dessus de la partie supérieure du pâton. Il faut avoir grand soin, en faisant ainsi descendre le pâton, de ne pas le rompre, parce que s'il en restait quelques fragments dans le gosier, il occasionnerait des maladies aux poules. Mais, avant de l'introduire, il faut le tremper vivement dans de l'eau ou du lait, sans cette précaution il est difficile de le faire couler dans le cou de l'animal. *Ceci est très-important.*

Une personne seule peut empâter; elle place la bête sur ses genoux de façon à la tenir avec le bras gauche; elle ouvre le bec avec la main gauche, elle prend le pâton avec la main droite, elle le mouille, l'introduit dans le bec, l'enfonce et le conduit le long du cou comme il vient d'être dit.

Au commencement de l'engraissement, on donne à chaque repas deux pâtons, puis trois, puis quatre; enfin on arrive à en donner huit, dix, et jusqu'à douze, autant enfin que l'estomac de la poule peut en contenir; mais il faut bien s'assurer à chaque repas, avant d'empâter, que la poule a bien digéré le repas précédent, et augmenter le nombre des pâtons en raison de la parfaite digestion. On reconnaît que la poule a bien digéré lorsque son estomac est entièrement vide au moment du repas, ce dont on s'assure en le maniant doucement avec les doigts. Je le répète, il est de la plus haute importance que la digestion soit complète. Si la poule a un peu de difficulté à digérer les pâtons, on lui donne à boire un peu d'eau; si elle paraît malade, il faut lui rendre sa liberté, et lui laisser le temps de se remettre.

Dans les premiers jours, les poules font difficilement leur digestion, mais bientôt elles s'accoutument à ce régime, et on augmente le nombre des pâtons.

Les poules engraissent plus ou moins vite. On reconnaît qu'elles sont arrivées à un état parfait de graisse lorsqu'elles respirent difficilement, que leur peau est parfaitement blanche, et leur croupière très-lourde, et lorsqu'en tâtant leur col entre les épaules on trouve un renflement de graisse considérable.

Ordinairement seize à vingt jours sont suffisants pour un engraissement parfait lorsque la bête était en bon état de chair au moment où on l'a mise dans la cage. Vingt-deux à vingt-cinq jours sont nécessaires si elle était en médiocre état de chair.

f. — Avantages de ce mode d'engraissement.

Toutes les volailles comme les poulardes peuvent être engraissées avec très-grand avantage par ce mode d'engraissement. Il est moins coûteux et plus parfait que l'engraissement aux grains dans les épinettes, et réclame seulement un peu plus de soins. Aucune autre espèce d'engraissement n'arrive à la finesse de l'engraissement fait avec des pâtons composés de belle farine de sarrasin, mêlée, si on le veut, de farine de maïs.

Avec la farine produite par dix litres de sarrasin, on peut amener des volailles à l'état de graisse parfait, si elles étaient en bon état de chair au moment de leur mise en cage, si les pâtons ont été faits avec du bon lait, et si l'engraissement a été conduit avec régularité et douceur. J'insiste sur ce dernier point ; car il est déplorable de brutaliser ou même de brusquer les volailles à l'engrais ; outre qu'il faut éviter aux animaux des cruautés inutiles, on trouble et on retarde leur engraissement.

CHAPITRE X

MANIÈRE DE TUER ET DE DRESSER LES VOLAILLES

On ne doit jamais tuer une volaille que lorsque sa digestion est complétement achevée : le matin convient donc le mieux, et, si l'on veut la tuer dans la journée ou le soir, il faut la laisser jeûner au moins huit ou dix heures. C'est ainsi qu'on agit avec tous les animaux de boucherie ; on les laisse même jeûner jusqu'à ce que les intestins soient à peu près vidés. Les volailles digèrent avec une si grande rapidité, qu'après huit à dix heures de jeûne, leurs intestins sont vides.

On peut tuer les volailles, soit en leur introduisant dans le bec un couteau très-pointu dont on pousse la pointe jusque dans la cervelle, soit en leur coupant la gorge ou le cou sous l'oreille gauche avec un couteau *bien tranchant* après avoir arraché les plumes, afin de moins faire souffrir ces pauvres bêtes. Dans l'un et l'autre cas il faut les tenir par les pattes, la tête en bas, afin que le sang s'égoutte bien, car de cette opération bien faite dépend en grande partie la blancheur de la chair, et la blancheur d'une volaille augmente son prix.

Aussitôt que la bête est morte et qu'elle a cessé de saigner, il faut procéder à l'extraction des intestins, soin qu'on ne prend pas dans les pays où le commerce des volailles n'est pas une industrie spéciale, et cependant qui est absolument nécessaire; car la présence prolongée des intestins dans l'animal lui donne un goût détestable. Au Mans et dans les pays où l'on a poussé l'engraissement à la perfection, aussitôt que les intestins sont ôtés, on introduit à leur place du papier gris assez fin, qui contribue à la conservation de la bête et qui lui donne une belle tournure, parce que l'extraction des intestins aplatit ses flancs. Voici comment on procède : dès que la bête est morte, on introduit le doigt dans le rectum, on le perce, puis on le saisit; on le tire doucement en dehors et tous les intestins suivent. Si cette opération est faite avec adresse, et elle est très-facile, les intestins ne se rompent pas; il faut opérer très-doucement; s'ils se rompent, on cherche à ressaisir l'extrémité rompue et on parvient facilement à la retrouver. Lorsque tous les intestins sont extraits, il ne reste dans le corps de l'animal que le foie et le gésier, qui ne nuisent point à la conservation; ces organes s'emploient en cuisine; la cuisinière les retire lorsqu'elle prépare la volaille pour la faire cuire.

Il faut plumer les volailles aussitôt qu'elles sont mortes; lorsqu'elles sont refroidies, elles se plument beaucoup moins bien. On doit prendre d'une main très-peu de plumes à la fois, et de l'autre main retenir la peau pour éviter de la déchirer, ce qui donne à une volaille mauvaise apparence pour la table et diminue son prix de vente.

S'il fait chaud, on plonge la bête dans un bain d'eau très-froide, jusqu'à parfait refroidissement; on la tire de l'eau et on l'essuie avec soin. En hiver, on se borne à la laver avec un linge trempé dans de l'eau froide, et on l'enveloppe dans ce linge jusqu'à ce qu'elle soit froide. Il faut bien se garder d'emballer les poulardes avant qu'elles soient parfaitement froides. Pour les expédier, on les enveloppe dans du papier gris, et on les place dans une bourriche garnie de paille.

Lorsque la bête est plumée, il faut la *dresser*, c'est-à-dire la disposer de telle façon, qu'elle ait la meilleure apparence possible. Pour cela on pèse sur elle, ce qui fait ressortir la graisse du ventre ; on rabat les pattes, on les fixe avec un lien le long des pilons, et on retourne le bout des ailerons sous le dos. On ne doit plumer ni la tête, ni le bout des ailerons, ni la queue. Les plumes de ces parties sont presque toujours noires, elles parent la volaille et font ressortir sa blancheur.

CHAPITRE XI

COMMERCE DES VOLAILLES

Un grand nombre de cultivateurs ignorent encore qu'il leur est facile d'agrandir de beaucoup le rayon qu'ils approvisionnent ordinairement, et, grâce aux chemins de fer, d'envoyer vendre à Paris, avec grand avantage, les produits de leur basse-cour. Ils ignorent surtout que cette vente peut s'opérer sans formalités gênantes, à peu de frais et avec une complète sécurité sur la sincérité du prix de vente et le payement de ce prix.

M. Victor Borie a publié, dans le tome III, année 1855, du *Journal d'Agriculture pratique*, de charmants articles sur les marchés de Paris. Nous lui empruntons le chapitre concernant le marché aux volailles ; nos lecteurs y trouveront tous les renseignements dont ils ont besoin.

« Le marché à la volaille et au gibier, connu plus particulièrement sous le nom de marché de la Vallée, dit M. Borie, est situé à Paris, quai des Augustins, sur l'emplacement de l'église et d'une partie du cloître des religieux de ce nom. Ce marché se tenait d'abord sur le quai, en plein air, et obstruait la voie publique.

« En 1809, on posa la première pierre de la halle actuelle. Cette halle se compose de trois galeries, divisées par des rangs de piliers, liés entre eux par des grilles de fer. La galerie du centre sert aux voitures et aux marchands en gros; la première galerie, destinée à la vente en détail, contient de petites boutiques, placées à égale distance; ces boutiques sont construites en fer. Sur le derrière du marché, on a construit des basses-cours et des cages. C'est là que les marchands déposent les animaux arrivés vivants à la halle et qui ont besoin de recevoir des soins particuliers avant d'être mis en vente. Cet endroit est le siége d'une industrie particulière et assez originale, dont nous parlerons plus loin.

« Le marché de la Vallée tient quatre fois par semaine, les lundi, mercredi, vendredi et samedi. Il ouvre, en hiver, à huit heures du matin, et en été à six heures et demie. En tout temps il ferme vers deux heures et demie. Le marché est régi par les ordonnances du préfet de police, et surveillé par des agents nommés par lui.

« La vente en détail, sur ce marché, est peu importante; elle se fait dans les boutiques par des marchands à étal, et rentre dans les conditions de tous les marchés de Paris où les cuisinières vont faire leurs provisions. Cependant on y trouve du gibier et de la volaille en plus grande quantité que partout ailleurs, et les prix sont un peu moins élevés.

« La fonction importante de cette halle est la vente en gros des volailles et du gibier expédiés par les éleveurs et les chasseurs des départements et même de l'étranger.

« Depuis 1851, les ventes en gros ne se font plus directement. Le système des ventes à la criée, qui a un grand succès dans les autres halles, a été adopté pour la vente des volailles et du gibier. Comme dans toutes les grandes halles d'approvisionnement, des facteurs commissionnés par le préfet de police servent d'intermédiaires entre les expéditeurs des départements et les revendeuses de Paris qui viennent s'approvisionner à la halle. La gestion de ces facteurs est garantie par un cautionnement; leurs opérations et leurs livres sont soumis à une rigoureuse inspection de la part des agents du préfet de police.

« Les éleveurs qui désirent approvisionner le marché de volailles et de gibier n'ont pas de formalités bien compliquées à remplir. Il suffit d'emballer convenablement, dans de grands paniers, les marchandises destinées au marché, en mettant dans le panier une note contenant la déclaration exacte et détaillée de ce que l'on expédie, de mettre sur la partie supérieure du panier l'adresse de l'un des facteurs de la Vallée, et d'ajouter au-dessous de cette adresse une seconde carte avec ces mots : « Pour le retour des paniers vides, « à M.... à la gare de... » ; puis remettre le tout au chemin de fer ou aux correspondances des chemin de fer.

« En même temps, l'expéditeur écrit directement au facteur, pour lui donner avis du premier envoi, en faisant connaître comment il entend recevoir le prix de la vente, soit en espèces par les messageries, soit en un mandat à vue sur Paris. Ce dernier mode est le plus généralement adopté par les expéditeurs qui n'ont pas de correspondants à Paris auxquels le facteur puisse faire remettre sur-le-champ le montant de la vente.

« La vente étant faite à la criée, c'est-à-dire au plus offrant et dernier enchérisseur, les éleveurs ont la certitude que leurs volailles sont vendues tout ce qu'elles valent le jour où elles sont présentées sur le marché. Cependant les facteurs, lorsque le lot n'atteint pas un prix convenable et qu'il n'est pas de nature à s'altérer, le retirent quelquefois de la vente pour le représenter, au marché suivant, dans de meilleures conditions.

« Leur intérêt et celui de la ville de Paris, dont les agents surveillent le marché, les engagent à vendre le mieux possible les marchandises qui leur ont été confiées. On perçoit 10 pour 100 sur le produit brut des ventes, et cette somme est ainsi répartie : 7 pour 100 à la ville de Paris, pour droit d'octroi ; plus, 2 pour 100 pour droit d'abri. Les facteurs ne perçoivent que 1 pour 100 comme rémunération des services rendus par eux ; donc, plus la vente produit, plus le chiffre de leurs droits augmente.

« L'expéditeur doit apporter le plus grand soin dans la manière de tuer, de dresser et d'emballer les marchandises qu'il envoie au marché. Peu d'animaux sont expédiés vivants. Les lapins et lièvres doivent être tués, vidés et emballés, lorsqu'ils sont froids, dans la paille fraîche. L'expérience a démontré que la paille, étant mauvais conducteur du calorique, convenait le mieux pour l'emballage des animaux morts. Le foin fermente rapidement et détermine très-vite la putréfaction des animaux qu'il enveloppe.

« Il ne faut pas couper le cou aux volailles ; elles doivent être dressées à peu près comme si on les destinait à être mises à la broche. Ce soin est très-important, car une volaille qui est présentée au marché sans cette précaution perd immédiatement de sa valeur.

« Le gibier tué au fusil se conserve peu ; il doit être expédié en toute hâte et vendu aussitôt. Aussi on vend souvent au marché des lots de gibier déformés par le plomb ou un peu attaqués par la corruption à des prix très-inférieurs.

« Les pigeons sont toujours envoyés vivants.

« Les volailles les plus belles viennent, en grande partie, des fermes de la Normandie et de la Sarthe. Le Bourbonnais, le Berry, la Beauce et la Champagne fournissent plus particulièrement les oies et les dindons.

« Le gibier est expédié de tout le rayon d'approvisionnement de Paris, c'est-à-dire de 200 kilomètres à la ronde.

« Des quantités considérables de pigeons sont envoyées par les fermiers et les propriétaires de la Picardie.

« Les volailles qui sont expédiées en plus grand nombre sont les oies et les dindons. Certains marchands expédient à la fois cinq à six cents têtes.

« Lorsque les pigeons, qui sont envoyés quelquefois de très-loin dans des paniers faits exprès, arrivent à Paris, il est indispensable, avant de les livrer à la vente, de leur faire subir une opération préliminaire assez originale. Un local est consacré, dans la halle, à ce travail. Des préposés, portant une médaille et nommés par le préfet de police, sont chargés spécialement de recevoir les pigeons à leur arrivée, et de leur faire avaler aussitôt une certaine quantité de grains. On les appelle les *gaveurs*. Ils mettent du grain dans leur bouche et l'introduisent, de gré ou de force, dans le bec du pigeon ; ils fournissent le grain, et il leur est attribué, pour ce singulier travail, de 20 à 25 centimes par douzaine d'animaux gavés. Le gaveur acquiert bien vite une grande habileté dans cette opération, et chaque jour de marché, il gave avec une promptitude extraordinaire des quantités considérables de pigeons.

« Cette précaution est indispensable si l'on ne veut s'exposer à mettre en vente de la marchandise dépréciée. Quelques grands éleveurs de pigeons se sont affranchis de cette formalité, qui n'est pas rigoureusement obligatoire, en créant hors barrière des établissements particuliers, où des gens à eux gavent les pigeons au moment de les apporter au marché.

« Il se vend certainement au marché de la Vallée des quantités fort importantes de volailles et de gibier ; mais les belles pièces y apparaissent rarement. Les grands magasins s'approvisionnent directement en province, et les restaurants de premier, de second, et même de troisième ordre, passent des marchés avec les quelques marchands de gibier dont les maisons sont en renom. La raison en est toute simple : les ventes, au marché de la Vallée, ont lieu par lots, dans chaque lot on trouve de la bonne et de la mauvaise marchandise. Or les bons restaurants, les marchands qui ont une riche clientèle, et les grandes maisons particulières, ne veulent acheter que de la marchandise de première qualité, et ne peuvent se charger du fretin qui s'y trouve mêlé.

« Les clients habituels de la Vallée sont les restaurants à deux francs, les traiteurs, les rôtisseurs et les revendeurs des divers marchés de Paris. Pour ceux-là tout est bon ; il leur faut bien quelques volailles de première qualité ; mais leur débit comprend surtout les pièces qu'ils peuvent obtenir à très-bon marché. Aussi ne faut-il point s'étonner quand la carte d'un restaurant du Palais-Royal vous offre, pour 2 fr., et même pour 1 fr. 60 et 1 fr. 25, outre le pain et la boisson honorée du nom de vin de Mâcon, des salmis de bécasse, des perdrix aux choux, des cailles, des alouettes, des mauviettes, et même des faisans. Ce gibier a été acheté au marché de la Vallée, dans un lot un peu détérioré par le fusil du chasseur, par un mauvais mode d'emballage ou par un voyage indiscrètement prolongé. Il coûte moins cher au restaurateur qu'une simple tranche de gigot du mouton le plus vulgaire.

« La clientèle du marché de la Vallée ne se borne pas seulement aux restaurateurs à bon marché et aux divers marchands des marchés de Paris. Des industriels d'un rang inférieur viennent y alimenter leur commerce pénible et peu lucratif. Ce sont les *raleux*, négociants ambulants qui colportent sur des voitures à bras leur marchandise dans les rues de la ville. Il est inutile de dire que ce n'est point à eux qu'il faut demander des poulets gras ou des perdrix fraîches. Le raleux fréquente particulièrement les rues éloignées du centre et les faubourgs.

« Outre les raleux, il existe encore à la halle à la Vallée une variété de revendeurs campagnards qu'on appelle des *houillons*, du nom du village de Houilles, situé dans le département de Seine-et-Oise, et qui a le privilége de renfermer dans ses murs presque tous les honorables négociants qui se livrent à cette industrie, la plus lucrative de toutes peut-être. Le houillon achète de tout à la halle, du bon et du mauvais ; il achète de préférence tout ce qu'il y a de plus détestable en gibier. Il parcourt la banlieue de Paris avec sa marchandise, approvisionne depuis la maison de campagne du Parisien jusqu'à la gargotte du marchand de vin. Mais ses ventes les plus lucratives se font à Paris, en plein boulevard, et ses clients sont de très-honnêtes pères de famille, des huissiers retirés, des employés économes et gourmands et quelques chasseurs plus vaniteux qu'habiles. Le houillon est un paysan des environs de Paris, et il se garde bien de quitter l'habit de sa condition, je devrais dire le costume de son emploi. C'est sa blouse bleue qui fait sa fortune. Il parcourt le boulevard à l'époque de la chasse, et, quand il aperçoit une bonne et candide figure, il tire de dessous sa blouse un beau lièvre, une couple de perdrix, qu'il lui offre à un prix si modeste, que l'honnête homme, séduit par le marché fabuleux que lui propose un paysan imbécile, achète bien vite les perdrix, et apporte triomphant à sa ménagère un rôti trop âgé de huit jours. »

CHAPITRE XII

MALADIES DES POULES

Les maladies des poules sont généralement le résultat d'une mauvaise nourriture, d'une eau infecte, de l'insuffisance, de la malpropreté et de l'insalubrité du poulailler. Le seul moyen de maintenir les poules en bonne santé, c'est de les bien nourrir, de leur donner une eau pure, un espace suffisant pour leurs ébats, un poulailler spacieux, aéré et toujours propre; car leurs maladies sont souvent causées par la malpropreté ou le manque de soins, et elles sont presque toujours sans remède; aussi, à moins que la volaille atteinte ne soit très-distinguée, il vaut mieux, dans la plupart des cas, la tuer sur-le-champ et la manger, que de chercher à la guérir.

On reconnaît qu'une poule est malade lorsque sa crête pâlit, que ses plumes se ternissent et se hérissent, et qu'elle a perdu sa vivacité. Il faut l'examiner avec soin pour savoir de quel mal elle est atteinte.

1. La *pepie*, maladie dont quelques personnes nient l'existence, atteint surtout les jeunes volailles. Elle est presque toujours due à l'infection et à la rareté de l'eau. La bête atteinte cesse de manger; sa voix devient rauque et frêle; elle se tient à l'écart, ouvre souvent le bec, et semble vouloir éternuer; de plus, la langue prend une teinte jaunâtre, et l'on voit bientôt se développer à son extrémité une petite pellicule cornée et blanche. Il faut enlever doucement cette pellicule avec une aiguille ou une épingle; on lave ensuite la langue avec un peu de vinaigre allongé d'eau, et on l'enduit d'un peu de beurre ou de graisse. On met l'animal à part pendant une couple de jours, et on le nourrit avec du son ou de la recoupe mouillée.

2. *Maladie du croupion*. Elle est presque toujours due à la malpropreté du poulailler. La poule devient triste, constipée, porte la tête penchée, ne gratte plus. Il se forme une tumeur au-deseus de

croupion. Il faut l'ouvrir avec un petit instrument bien tranchant, puis on la presse avec le doigt pour faire sortir le pus qu'elle renferme; on lave la plaie avec de l'eau acidulée de vinaigre, de l'eau salée ou du vin; puis on l'enduit de pommade camphrée qu'on renouvelle deux ou trois fois chaque jour pendant deux ou trois jours. On met la poule à part, et on lui donne à manger du son mouillé mêlé de salade hachée. Lorsque la poule a repris sa gaieté, on lui rend sa liberté.

3. *Diarrhée*. Cette maladie est occasionnée par une nourriture trop humide ou par une saison très-pluvieuse. On guérit la volaille en la nourrissant d'aliments secs et en lui donnant un peu de pain trempé dans du vin ou dans du cidre. Si l'animal atteint est très-précieux et que la maladie continue, il faut lui faire avaler, deux ou trois fois par jour, quelques petites cuillerées d'infusion de camomille faite dans du vin.

4. *Constipation*. Cette maladie n'atteint guère que les poules enfermées dans une basse-cour et privées de nourriture verte. Les couveuses en sont souvent atteintes, surtout lorsqu'on les fait couver deux fois. Il faut leur procurer l'espèce de nourriture qui leur manque, comme la salade, l'oseille, le pourpier, l'épinard, et enfin le son mouillé. Il faut, au besoin, leur donner un peu d'huile d'olive ou de la manne fondue dans de l'eau, à laquelle on ajoute un peu de farine.

5. *Goutte*. Elle est due à l'humidité du poulailler ou de la cour. Les pattes se gonflent et la démarche devient difficile : le mieux est de tuer l'animal. Si la maladie n'existe pas depuis longtemps, il est bon à manger; il faut chercher à détruire la cause.

6. *Toux*. La toux est une maladie vermineuse, et l'une des plus graves qui puisse atteindre les poules. Je la crois contagieuse. La poule malade fait entendre une toux sourde, sa respiration est fort gênée; elle est même menacée de suffocation. Le mal est dû à une accumulation de petits vers rouges dans le gosier. On parvient quelquefois à en débarrasser la malade en lui faisant prendre des décoctions de mousse de Corse ou de l'herbe aux vers; le plus souvent l'animal périt. Il vaut mieux le tuer dès que la maladie est bien constatée.

7. *Roupie*. La roupie est une maladie qui se manifeste par un écoulement d'humeur qui se fait par les fosses nasales. Cette maladie est contagieuse et incurable. Dès qu'elle est constatée, il faut tuer l'animal et se bien garder de le manger, car il pourrait en résulter des accidents.

8. *Pustules*. On remarque souvent sur le corps des poules de petites pustules qui les font languir. Cette maladie est contagieuse. On sé-

pare l'animal atteint ; on lui donne de la salade hachée, du son mouillé et de l'eau, dans laquelle on met de la cendre de bois. On frotte les pustules avec de la crême ou du beurre frais, même avec de la pommade camphrée.

9. *Fracture.* Lorsqu'une poule s'est cassé un membre, il suffit de l'enfermer dans un lieu parfaitement tranquille, où elle ne puisse pas se percher, et de lui donner une bonne nourriture. Il faut bien se garder de lier la partie fracturée et de l'entourer de petites éclisses; le repos suffit. Chez les poulets très-jeunes, deux jours de repos suffisent.

10. *Plaies.* Les plaies qui résultent d'accidents ou de combats doivent être lavées avec un peu d'eau-de-vie allongée d'eau, et à laquelle on ajoute un peu de laudanum. Si l'inflammation se manifeste, il faut les enduire de pommade camphrée.

11. *Sortie du rectum* ou fondement. Cet accident arrive quelquefois après la ponte ou une constipation prolongée. Il faut laver la partie déplacée avec de l'eau de guimauve, à laquelle on ajoute quelques gouttes de laudanum, puis la faire rentrer doucement ; placer la poule dans un lieu obscur, où elle ne puisse se percher, et lui donner deux fois par jour à manger quelques grains et du son mouillé en petite quantité. Deux jours après, on peut lui rendre la liberté. Si l'accident se reproduit, il faut tuer la bête : elle est bonne à manger.

CHAPITRE XIII

PRODUITS DES POULES. — CONSERVATION DES ŒUFS

Les produits de la poule et du coq consistent d'abord dans leur chair, puis dans la ponte des œufs dont la valeur est à peu près égale à celle de la chair ; enfin dans leur plumage.

1. — Chair.

La chair des volailles est leur principal produit. C'est un des aliments les meilleurs et les plus sains à tous les âges de la vie. La délicatesse et l'abondance de la chair varient selon les races; elles varient aussi dans les volailles d'une même race, selon les soins et la nourriture qu'elles ont reçus. Je n'ai rien à ajouter à tout ce que j'en ai dit dans les chapitres précédents.

2. — Plumes.

Les plumes des poules ne sont pas de très-bonne qualité, mais peuvent servir à faire des lits. Pour cela on a le soin de séparer les grosses plumes des fines et on ne fait usage que de ces dernières, qu'on met dans un sac, sans les trop fouler, et qu'on n'emploie qu'après les avoir fait sécher dans un four dont on a retiré le pain. Les coqs et surtout les chapons portent à la queue de grandes plumes qui s'emploient à faire des plumeaux, elles ont une certaine valeur quand elles sont belles; de plus, les chapons, plus que les coqs, ont sur le croupion et sur le cou des plumes longues et minces qui servent à faire de petits plumeaux de salon et des plumets qui se vendent facilement.

3. — Des œufs et des moyens de les conserver.

C'est une erreur généralement accréditée que de croire que les œufs pondus en août et septembre se conservent mieux que les autres; ce sont les plus tardifs qui se conservent le mieux, surtout quand les moyens de conservation qu'on emploie sont insuffisants, c'est-à-dire quand ils consistent à réunir les œufs et à les serrer dans une armoire, ou dans des paniers recouverts de paille. Comme les poules pondent peu vers la fin de l'année, et que les œufs se vendent alors plus cher, on fait, en général, sa provision dans les derniers mois où les poules pondent beaucoup, c'est-à-dire en août et septembre, et, de cette habitude très-naturelle, est venu le préjugé qui fait croire que les œufs pondus à cette époque se conservent mieux que les autres. La vérité est qu'ils se conservent mieux que les œufs pondus antérieurement, moins bien que les œufs plus récemment pondus.

On emploie plusieurs moyens pour conserver les œufs; l'important est de les tenir dans un lieu frais et de les priver d'air, comme je l'ai dit précédemment. Il est avantageux d'avoir des œufs non fécondés pour la conservation; il vaut donc mieux vendre ses œufs, quand on a un coq dans sa basse-cour, et acheter des œufs non fécondés.

On peut conserver les œufs dans un vase de terre ou dans une boîte, rangés dans de la cendre, du son ou de la sciure de bois. On place ces vases dans un endroit frais et sec. Il est plus convenable de ne placer que quatre à cinq douzaines d'œufs dans chaque vase, de mettre une couche de sciure de bois très-épaisse en dessus, puis de couvrir le vase avec du papier.

Voici un autre moyen qui est facile à essayer, mais dont je n'ai pas encore fait l'expérience. Il consiste à ranger les œufs dans un panier à salade en fil de fer; on les plonge dans un chaudron d'eau bouillante et on les y laisse *une minute*. Le blanc, qui se coagule à l'intérieur de la coquille, met le reste de l'œuf à l'abri de l'influence de l'air, et il se conserve.

Je crois que le meilleur moyen est de placer les œufs, par quatre ou cinq douzaines au plus, dans des vases de grès, puis de préparer un lait de chaux clair; on le laisse refroidir et reposer, et on le verse sur les œufs jusqu'à ce qu'ils y baignent. On couvre les pots avec du papier et un carreau, et on les met à la cave. Lorsqu'on a repris une certaine quantité d'œufs, on verse une partie du liquide qui les recouvre, afin de ne pas être obligé de plonger son bras trop avant dans l'eau pour prendre les autres œufs. Il serait mieux d'avoir de ces pots en grès qui sont destinés à recevoir la crème dans certaines provinces de France, et qui ont à leur base un trou d'un demi-centimètre environ; on le bouche avec une cheville de bois ou un très-petit bouchon, et lorsqu'on veut prendre des œufs, on fait écouler l'eau par ce trou, afin de mettre à découvert ceux qu'on veut prendre; car il est désagréable de plonger la main dans l'eau de chaux, surtout lorsqu'il fait très-froid.

Il est de première importance de mettre les œufs à l'abri de la gelée. Lorsqu'ils ont été atteints par la gelée, ils se gâtent tout de suite, si même le gonflement de la matière liquide ne les a pas fait rompre.

Quand on conserve les œufs dans l'eau de chaux, on peut faire sa provision en juin, époque à laquelle ils sont abondants et à bas prix.

Il est inutile d'énumérer les précieuses qualités des œufs; leur emploi est tellement général et si bien à la portée de toutes les conditions sociales, que leur éloge est superflu. Les œufs de poule sont les meilleurs de tous.

Je ne parle ici que des œufs destinés à être mangés; j'ai décrit, page 45, les soins à donner aux œufs réservés aux couvées.

DEUXIÈME PARTIE

LE DINDON

Le dindon, originaire d'Amérique (*fig.* 16), est un animal qui offre de grandes ressources; sa grosseur donnerait à son élevage la même importance qu'à l'élevage des poules, s'il ne lui manquait cette fécondité de ponte qui rend la poule si précieuse, et si dans les premiers temps de sa vie il ne redoutait autant les grandes chaleurs, les grands froids, la pluie, la neige et le vent.

Mais un mérite qui est particulier aux dindons, c'est la facilité de les réunir en troupe et de les conduire dans les champs pour y chercher leur nourriture. La variété d'aliments qu'ils y trouvent, et la quantité d'herbages qu'ils y mangent, permettent de les élever sans d'autres frais que ceux de leur garde pendant presque toute la belle saison, depuis le moment où ils ont *pris le rouge,* c'est-à-dire où leur tête s'est parée de ces caroncules rouges, qui passent au blanc ou au bleu, selon l'état de calme ou d'irritation de l'animal, jusqu'au temps des fortes gelées. De plus la rusticité de cet animal, aussitôt qu'il a passé la crise du rouge, époque critique de sa vie, où parfois la moitié d'une couvée succombe, donne de telles garanties de profit, que son élevage en grand peut devenir, dans certaines localités, une branche importante de produit.

Il y a trois races de dindons qui se mélangent sans inconvénients : le blanc, le gris et le noir. Le noir est l'espèce la plus répandue et celle qui paraît la plus rustique et la plus facile à engraisser.

Plus encore que la poule, le dindon s'accommode mal d'être enfermé dans une basse-cour ; il y maigrit au lieu d'y prendre de la chair.

Son élevage en petit, lorsqu'on lui laisse la liberté, est fort peu lucratif, parce que le dindon trouble les basses-cours par son humeur querelleuse, et qu'il fait d'immenses dégâts quand il n'est pas gardé. D'un autre côté, des dindons en petit nombre donnent un profit si minime, qu'il ne peut même suffire à solder les gages et la nourriture de l'enfant qui les garde.

Fig. 16. — Dindon.

Il n'y a donc pas avantage à élever des dindes en petit nombre, et, si on veut en avoir quelques-unes dans la basse-cour, il faut les acheter assez grosses pour que leur engraissement soit très-prompt. Mais les dindes, plus encore que les poules, ne sont bien susceptibles de prendre la graisse que lorsqu'elles ont atteint à peu près toute leur croissance; il est donc inutile de les acheter avant cette époque dans l'espérance de les acquérir à meilleur marché, si on ne peut pas les faire conduire aux champs jusqu'à ce que leur croissance soit achevée ; leur nourriture coûte plus que l'économie qu'on réalise sur le prix d'achat.

Lorsqu'on veut se livrer à l'élevage en grand, comme, à moins de circonstances très-favorables, il est difficile de faire toutes les couvées chez soi, on peut acheter, lorsqu'ils ont le rouge, la quantité de dindons qu'on veut élever, et les réunir ensuite en troupeau.

Beaucoup de petits fermiers élèvent une ou deux couvées de dindons, sans songer à poursuivre leur élevage jusqu'à sa fin ; ils les vendent aussitôt après la crise du rouge, époque, comme je viens de le dire, où il est nécessaire de les envoyer pâturer dans les champs.

Le dindon, d'origine américaine, est très-sensible au froid dans les premiers temps de sa vie, ce qui rend son éducation plus chanceuse que celle des poules ; de plus, il périt un grand nombre de dindons, pour peu que la température soit froide ou humide, ou qu'on apporte quelque négligence dans les soins assidus qu'ils réclament, jusqu'au moment où ils prennent *le rouge*.

Dès la seconde année les pattes du dindon et de la dinde deviennent rougeâtres. Elles deviennent écailleuses à mesure qu'ils avancent en âge ; il est donc impossible de vendre une vieille dinde en la faisant croire jeune.

1. — Dindon.

Le dindon ou coq d'inde est querelleur et méchant ; il attaque souvent sans raison les poules et les coqs, les canards et même les chiens, et presque tous deviennent ses victimes, les uns par impuissance, les autres par lâcheté. Il pousse souvent la méchanceté jusqu'à attaquer des enfants sans y avoir été provoqué. Sa colère est si violente, qu'elle est devenue proverbiale. Elle s'exerce parfois même sur les dindes mères et sur les dindonneaux ; il est donc presque impossible d'amener des dindons dans une basse-cour. Quelquefois, lorsqu'ils y ont été élevés, ils s'accommodent mieux avec leurs camarades de basse-cour; mais souvent, dès la seconde année, au temps des amours, il n'y a pas moyen de les laisser libres. Un dindon jeune et vigoureux suffit à six dindes.

2. — Dinde.

Les dindes ou poules d'inde sont plus douces que les dindons ; il y en a cependant qui participent de son caractère farouche et qui battent les poules et tuent les poulets. Les coqs seuls peuvent leur tenir tête, encore quelquefois la supériorité de taille des dindes leur permet de plumer et d'assommer les coqs de petites races.

3. — Ponte.

Les dindes ne pondent guère qu'à l'âge de dix à douze mois, et la ponte se fait presque toujours vers le mois de mars. Elles ont presque généralement la manie de cacher leurs œufs, aussi en perd-on souvent ; elles vont les déposer dans les tas de paille, dans les haies, au fond des fossés, où ils deviennent souvent la proie des animaux nuisibles ; aussi est-il prudent d'habituer les dindes à coucher dans une petite écurie spéciale, quelque temps avant l'époque de la ponte. Tous les matins, avant d'ouvrir leur porte, on les tâte en leur introduisant doucement le doigt dans l'anus, on donne la liberté à celles qui n'ont pas l'œuf ; quant aux autres, on ne leur ouvre que lorsqu'elles ont pondu. Les dindes ne pondent ordinairement que tous les deux jours, à moins que la saison ne soit très-chaude ; leur ponte est de quinze à vingt œufs. Elles font une seconde ponte en août, ou même dès juillet quand elles ont couvé de bonne heure ou que l'on a donné leur couvée à une autre dinde.

Une dinde peut facilement conduire deux couvées.

Les dindes d'un an font des œufs plus petits que celles qui sont plus âgées ; mais vers quatre à cinq ans, la ponte est moins abondante et il est temps de remplacer les dindes ; d'ailleurs leur chair devient si dure, qu'il est difficile de la manger.

Il faut laisser un œuf dans le nid destiné à la ponte ; on peut le marquer à l'encre. Il serait inutile de chercher à tromper les dindes en leur donnant un œuf de plâtre, elles fuiraient le nid plutôt que d'y être attirées par ce simulacre ; mais il faut enlever chaque jour les œufs pondus le jour même, parce que les dindes, en restant sur le nid, pourraient commencer l'incubation. Il est inutile de marquer les œufs de chaque dinde ; elles couvent indifféremment leurs œufs et ceux de leurs compagnes, aussi bien que les œufs de poule ou de cane.

Il faut placer les œufs dans un lieu frais et les couvrir de son ou de sciure de bois avec grand soin, ils éclosent plus sûrement, et, après la ponte, on peut donner des œufs étrangers à une dinde, parce qu'elle peut couver vingt à vingt-deux œufs, et qu'il est possible que la ponte n'ait pas atteint ce nombre.

La ponte de l'été est moins abondante que la ponte du printemps ; si elle est hâtive on peut cependant la faire couver, les petits ont encore le temps de prendre le rouge avant le froid. Ils ne deviennent jamais aussi beaux que les dindonneaux nés au printemps, mais leur chair est encore tendre lorsque la chair des autres est déjà devenue dure.

Les œufs de dinde sont bons à manger, mais ils sont moins délicats que les œufs de poule. Ils peuvent se conserver par les mêmes procédés.

4. — Incubation.

La dinde, lorsqu'elle éprouve le besoin de couver, glousse comme la poule, et le bas de sa poitrine et son ventre se déplument ; c'est alors qu'elle redouble de ruse pour cacher ses œufs. Si on veut faire couver plusieurs dindes, il est plus avantageux de les mettre couver le même jour, ce qui est plus facile avec des dindes qu'avec des poules, parce que leurs pontes et leurs couvées sont plus régulières. On donne quelques œufs de poule aux dindes qui veulent couver les premières, pour les amuser, et lorsqu'un certain nombre de couveuses demandent à couver, on leur ôte les œufs d'*essai*, qui peuvent être employés au même usage pour d'autres couveuses, soit poules, soit dindes, soit canes, et on leur donne les œufs qu'elles doivent définitivement couver. On fait cette substitution pendant qu'elles mangent.

Huit à dix jours après que l'incubation est commencée, on *mire* les œufs, c'est-à-dire qu'on s'assure, par le moyen que j'ai indiqué à l'article *Incubation des poules* (page 47), quels sont les œufs bons et les œufs mauvais ou clairs ; on retire tous les œufs clairs (ils sont bons à manger à moins qu'ils ne soient pourris). On complète avec les œufs d'une autre couveuse le nombre d'œufs que peut couver chaque couveuse, et on donne de nouveaux œufs, et au besoin des œufs de poule aux couveuses auxquelles on a soustrait leurs œufs.

On doit lever les couveuses une fois par jour pour les faire manger ; sans ce soin, il y en a qui se laisseraient mourir de faim plutôt que de quitter leurs œufs. Il n'est pas nécessaire de mettre les dindes sous une mue pour les faire manger, elles ne s'éloignent pas de leur couvée. L'incubation dure trente à trente-deux jours et l'éclosion est plus spontanée que celle des poussins. L'incubation et la couvée des dindes demandent les mêmes soins que celles des poules ; on prépare leur nid de la même manière ; seulement il ne faut pas les placer trop près de terre; il faut avoir soin de mettre des brins de menu bois ou de bruyères sous la paille qu'on prépare pour recevoir les œufs ; on évite ainsi l'humidité.

On peut faire les nids au moyen d'un rouleau de paille attaché avec de l'osier ou de la ficelle, et formant un rond dans lequel on place le menu bois, puis la paille. Il faut surtout veiller à ce qu'il ne soit pas trop concave, parce que les œufs se réunissant au fond et se superposant les uns aux autres, l'incubation ne serait pas parfaite. Comme la dinde aime à pondre à terre, certains éleveurs ne lui préparent pas de nid ; ils se contentent de lui faire une litière de paille fraiche.

Lorsqu'on met couver deux dindes près l'une de l'autre, elles se volent quelquefois leurs œufs, d'où il résulte que l'une en a trop, quand l'autre n'en a pas assez ; il faut donc séparer les nids de façon que ces vols ne soient pas possibles.

Il ne faut jamais laisser le mâle pénétrer dans le lieu où les dindes couvent ; il troublerait les couvées et battrait ces pauvres mères.

Il y a des dindes qui manifestent le désir de couver avant d'avoir achevé leur ponte. Pour s'assurer si la ponte est complète, il suffit, pendant que les couveuses mangent, de compter leurs œufs. Si on s'aperçoit que le nombre en est augmenté, on marque avec de l'encre tous les œufs de la couvée en les entourant d'une raie circulaire, afin de voir la marque sans toucher aux œufs, lors même que la couveuse les aurait retournés, ce qu'elle fait tous les jours. On enlève ceux qui ne sont pas marqués, car deux jours de retard dans l'incubation causeraient le même retard dans l'éclosion, et comme, dès qu'une dinde a ses petits, elle ne veut plus garder le nid, les œufs seraient perdus, tandis qu'ils peuvent être employés d'une manière quelconque, et même être joints à d'autres qu'on met couver le jour de leur ponte.

Lorsqu'une dinde, après avoir fait sa ponte, tarde à demander à couver, on la stimule en lui frottant le ventre avec des orties et en la forçant à rester sur les œufs d'essai, en la couvrant d'une toile un peu lourde qui la plonge dans le silence et l'obscurité ; le plus souvent au bout de deux ou trois jours elle se décide à couver, et on lui donne les œufs.

J'ai dit qu'il fallait mettre plusieurs dindes couver le même jour ; c'est afin qu'au moment de l'éclosion, si les couvées n'ont pas eu un succès complet, on puisse donner à une seule mère deux ou trois couvées. Alors on peut donner de nouveaux œufs aux mères auxquelles on a enlevé leurs petits ; on peut surtout leur donner des œufs de poule, dont l'incubation est moins longue.

Si l'on voulait avoir plus d'œufs que les dindes qu'on veut faire couver n'en pondent, afin de faire des couvées plus complètes (car quelquefois les dindes ne pondent pas autant d'œufs qu'elles peuvent en couver, ou elles en perdent par une cause quelconque), on a un plus grand nombre de dindes qu'on ne veut avoir de couveuses. Quand le moment de l'incubation est arrivé, on choisit les dindes qui paraissent les plus attentives, puis on détourne les autres de l'envie de couver en les attachant par la patte à un petit piquet, dans l'endroit le plus bruyant de la cour, et en les privant de nourriture, mais non de boisson, pendant deux jours. La première nourriture qu'on leur donne doit se composer de son mouillé mêlé de salade hachée. Ordinairement les pauvres bêtes oublient leur couvée, et on peut les engraisser pour les vendre ou les manger. Parfois elles se remettent à pondre vers juillet ou août, suivant l'époque à laquelle on les a détournées de la couvée. Si la ponte ne se prolonge pas trop longtemps, on peut encore les faire couver : pourvu que les dindonneaux aient le temps de prendre le rouge avant les froids, on les élèvera facilement et ces dindons tardifs auront plus de valeur, car ils seront bons à être mangés en mars et avril, époque à laquelle ils sont fort rares et se vendent très-cher; mais ces couvées réussissent difficilement et demandent beaucoup de soins.

Pour faire adopter des dindonneaux à une dinde, il faut les choisir du même âge que les siens, à un ou deux jours près, et les glisser dans son nid le soir. Sans cette précaution, elle s'apercevrait qu'on la trompe et les tuerait tous.

5. — Élevage des dindonneaux.

L'éclosion des dindonneaux réclame exactement les mêmes soins que celle des poussins ; seulement, comme les dindonneaux craignent plus encore le froid que les poussins, il faut les entourer encore de plus de soins. On sait combien dans les premiers jours de leur vie il est difficile de réchauffer ces jeunes êtres si engourdis dans notre climat que souvent ils se laisseraient mourir de faim, si on ne leur ingurgitait leur nourriture. Il ne faut les faire sortir qu'avec beaucoup de circonspection ; quelquefois même on ne peut les mettre à terre que vers midi, et sous un hangar bien exposé au soleil, et, si on n'a pas de lieu convenable, il faut les placer dans une chambre chauffée et bien sèche, sur les carreaux de laquelle on étend une petite couche de sciure de bois qu'on renouvelle de temps en temps. Si on les met dehors, on tient la mère enfermée sous une mue placée dans une bonne exposition ; sans ce soin, elle emmènerait imprudemment ses petits au loin, ils auraient froid et périraient. Il est très-convenable de placer du sable fin et bien sec ou de la cendre auprès de la mue, afin que les dindonneaux puissent se poudrer, ce qu'ils aiment beaucoup.

Lorsque les dindonneaux commencent à prendre un peu de force, c'est-à-dire vers le huitième jour, on leur donne un peu plus de liberté. S'il fait beau, on laisse la mère les promener; mais il faut être très-attentif, et si le temps se refroidit, si la pluie menace de tomber, on doit les faire rentrer, car si les dindonneaux sont mouillés, ils périssent presque toujours.

Les dindonneaux ne mangent point ou presque point les trois premiers jours de leur naissance, ils restent même quelquefois jusqu'à quatre ou cinq jours sans manger, il faut néanmoins leur présenter plusieurs fois par jour de la nourriture.

On les nourrit comme les poussins, et, si le temps est froid, on leur donne du chènevis; mais ils sont tellement stupides, qu'ils se décident difficilement à manger, et qu'on est parfois obligé de mettre avec eux quelques poussins dont l'exemple leur apprend à manger.

Dans certaines fermes de la Brie, on leur donne une nourriture composée de pain trempé, d'œufs durs et d'oignons entiers en proportions à peu près égales et hachés ensemble (les œufs peuvent être supprimés après dix ou douze jours). Les dindonneaux sont très-friands de cette nourriture; ils l'attendent avec impatience et la reçoivent avec une joie turbulente. Les parties blanches des bulbes d'oignons sont les premières mangées, la hampe vient ensuite, les œufs après, puis le pain, qu'ils finissent aussi par manger, affriandés qu'ils sont par le goût qu'il a contracté par son contact avec l'oignon. Grâce à cette méthode, des fermiers, qui, dans toutes leurs éducations, avaient toujours perdu la moitié de leurs dindonneaux, ont vu leurs pertes se réduire à un ou deux élèves.

On leur donne cette nourriture en les séparant de leur mère qui mangerait tout.

Quand ils commencent à bien manger, on supprime les œufs et on augmente beaucoup la quantité d'oignons; on y mêle des orties hachées très-fin, du son et de la recoupe et on continue cette nourriture jusqu'à ce qu'ils aient le rouge.

Aussitôt que les dindonneaux sont en état de sortir, il faut les mener aux champs avec les précautions que j'indique, et éviter de les faire sortir aussitôt après la pluie, lors même qu'il ferait chaud, parce qu'ils se mouilleraient les pattes, ce qui est pour eux un danger. Lorsque les plantes du sol sont sèches, mais que la terre est encore molle, il faut les conduire dans des terres sablonneuses qui ne s'attachent pas aux pattes; cette condition est si importante, qu'on peut remarquer que dans tous les pays où on se livre avec succès à l'élevage des dindonneaux la terre est légère et sablonneuse. Si on voit des dindons sur d'autres terres, c'est qu'ils y ont été apportés après avoir pris le rouge.

Le soleil trop ardent tue les dindonneaux comme les poussins; il faut les en préserver et ne les conduire au pâturage, en été, que le matin, quand la rosée est dissipée, de huit à dix heures, et l'après-midi, quand le soleil a déjà baissé et avant le soir, c'est-à-dire de quatre à sept heures. Il est bon qu'ils trouvent de l'ombrage dans leur promenade, et qu'elle soit assez rapprochée du logis pour qu'on puisse les y faire rentrer au moindre signe de pluie. Les dindonneaux exigent les soins que je viens d'indiquer jusqu'à ce qu'ils aient pris le rouge, ce qui leur arrive entre deux et trois mois, selon la température. Pendant cette crise, il faut redoubler de soins, les nourrir de froment, orge, oignons, blé noir, maïs ; s'ils languissent, leur faire avaler une ou deux fois par jour un peu de vin ou de cidre, même faire tremper dans ces liqueurs le grain qu'on leur donne ; éviter qu'ils mangent trop d'herbe ; les coucher plus tôt et les lever plus tard. Malgré les soins les plus assidus, il en périt souvent à peu près moitié pendant cette crise.

6. — Soins et nourriture.

Lorsque les dindons ont pris le rouge, de très-délicats qu'ils étaient ils deviennent très-robustes ; peu de temps après, ils ne craignent plus ni la pluie ni le froid, et il faut les conduire aux champs soir et matin, comme on y conduit les bestiaux. On les réunit en troupes ; un enfant de douze à quinze ans peut en conduire au moins cent. On les mène dans les chaumes, dans les prés dont le foin est enlevé, dans les bois, dans les vignes après la vendange. Cependant il ne faut pas leur faire faire de trop longues courses quand ils sont encore jeunes, et il faut éviter de les laisser au grand soleil, ce qui les fatigue beaucoup. Si on a de bons pâturages, on peut se dispenser de leur donner à manger à la basse-cour, surtout après la moisson, époque à laquelle ils trouvent beaucoup de grain dans les chaumes, et en automne, où ils mangent les glands, les faînes et les châtaignes sauvages, dans les bois. Ils y joignent de l'herbe et des insectes, et cette nourriture suffit à leur existence et à leur croissance ; mais, lorsqu'il gèle et surtout lorsqu'il neige, il faut en outre leur donner à manger à la basse-cour, soit les fruits que je viens d'indiquer, soit des criblures et des grains, soit des pommes de terre crues et coupées en petits morceaux, ou cuites et écrasées, ou des betteraves crues et coupées comme je l'ai indiqué pour les poules (page 38), même de la viande des animaux morts de maladies qui ne sont pas nuisibles. Les dindons mangent à peu près de tout.

Quelque temps après que les dindonneaux ont pris le rouge, il faut s'occuper de leur préparer des juchoirs à l'air libre, pour qu'ils s'habituent aux intempéries lorsqu'elles ne sont pas encore fréquentes. Les dindons qui couchent en plein air se portent beaucoup mieux que ceux qu'on continue à faire coucher sous un toit et deviennent rustiques et robustes.

Il y a plusieurs manières de leur arranger ces juchoirs. Certains cultivateurs se bornent à placer dans le lieu où ils veulent faire coucher les dindons des arbres morts, sur les branches desquels les dindons vont se percher ; d'autres cultivateurs plantent une espèce de mât traversé depuis la hauteur de $1^m,50$ de bons brins de bois, ronds et de la grosseur du goulot d'une bouteille; on perce le mât en tous sens et à la distance de $0^m,30$ à $1^m,35$ en hauteur, et on y place ces échelons, qui ne se trouvent pas superposés les uns aux autres, à cause de la direction différente qu'on a donnée aux trous : les dindons sautent de l'un à l'autre et se perchent chacun à sa place. Mais ces deux procédés ont un inconvénient, c'est que la plupart des dindons veulent se placer au plus haut bâton, de là des querelles et des chutes. Voici un procédé qui me paraît plus convenable à tous égards.

On se procure de vieilles roues, surtout des roues de voiture, dont on a enlevé le fer, et on les plante sur une pièce de bois dont on amincit le bout de manière qu'il entre dans le moyeu comme y entrait l'essieu. On plante ces pivots, qui peuvent avoir 2 mètres de hauteur, ordinairement dans le fumier, ce qui est très-convenable à cause de la chaleur qui s'en dégage, ou dans un endroit quelconque; le plus abrité du froid est le meilleur. Les dindons vont se nicher sur toutes les jantes et même sur les raies, et une roue peut en recevoir une vingtaine. Ils sont tous au même niveau, partant pas de jalousie ni de batailles. Qui se serait douté que la question d'égalité pût préoccuper à ce point les dindons !...

Je crois ce procédé le plus convenable de tous, et il est fort peu coûteux, car on trouve partout, et à très-bon compte, de vieilles roues. Après la vente des dindonneaux, on met les roues qui leur servaient de juchoir à l'abri, et on ne laisse dehors que les roues nécessaires aux pères et mères. Vers le mois de janvier ou février, époque à laquelle les dindes se disposent à la ponte, il faut, afin d'éviter la perte des œufs, faire coucher les dindes sous un toit disposé comme celui que j'ai décrit pour les poules. Tous les soirs, au moment où les dindons ont l'habitude de se percher, on les conduit au toit, comme on les conduit pendant le jour aux champs, c'est-à-dire à l'aide d'une petite gaule dont on les menace quand ils s'écartent, mais dont on ne les frappe presque jamais; ils prennent bien vite l'habitude de s'y rendre seuls dès que vient l'heure à laquelle on les y faisait rentrer.

7. — Engraissement.

Les dindonneaux, comme les poulets, engraissent difficilement avant que leur croissance soit achevée : jusque-là, si on veut en engraisser quelques-uns, on les marque à la patte ; en rentrant des champs, on les sépare de la bande et on leur donne un supplément de nourriture. Si on le leur donnait avant de les faire sortir, ils deviendraient paresseux à chercher leur nourriture aux champs et n'engraisseraient pas.

Lorsque les dindonneaux sont adultes, c'est-à-dire à l'âge de six ou sept mois, selon la saison, qui influe beaucoup sur leur croissance, on peut les engraisser. Si on en a un troupeau considérable, il ne faut pas les mettre à l'engrais tous à la fois, à moins qu'on ne veuille les expédier au marché tous, ou à peu près tous ensemble, ce qui peut convenir à certaines localités. Mais, dans tout autre cas, si on veut en envoyer une certaine quantité au marché ou en engraisser pour sa consommation, on marque, comme je l'ai déjà dit, à la patte ceux qui sont à l'engraissement. La nourriture des dindons n'est pas la même durant tout l'engraissement.

Pour indiquer les différents degrés qu'ils ont atteints, on peut joindre à la marque de la patte une nouvelle marque faite aux plumes de la queue à l'aide de ciseaux.

Dans les premiers temps qu'on engraisse des dindonneaux, on se borne à leur donner de la nourriture au moment de leur rentrée des champs, car les dindons ne doivent pas être engraissés en captivité, la liberté leur est absolument nécessaire ; on peut leur distribuer des grains ou des déchets de grains de toute nature, et on peut y joindre des pommes de terre et des betteraves coupées en petits morceaux, des glands, des faînes, de petites châtaignes ; quinze jours après, on commence à leur donner à un de leurs repas, celui du soir, une pâtée composée de pommes de terre cuites et écrasées, et mélangées d'une farine quelconque, celle qui coûte le moins cher dans le pays qu'on habite. On peut délayer cette pâtée avec du lait caillé, mais il ne faut en préparer que la quantité que les dindonneaux, arrivés à ce degré d'engraissement, peuvent en manger ; s'il en restait, il faudrait la faire consommer aux dindons du premier degré d'engraissement, parce qu'elle aigrirait et serait moins propre à l'engraissement. Cependant je vais me permettre ici une petite digression à propos de la fermentation appelée *aigreur*.

J'avais toujours entendu dire qu'il ne fallait pas donner aux porcs des aliments aigres, et, dans les premières années où je me suis occupée de l'élevage de ces animaux, j'ai évité, autant que possible, de leur faire donner des aliments fermentés; cependant, m'étant aperçue qu'ils les mangeaient avec grand plaisir, j'ai essayé de les engraisser avec des aliments toujours fermentés. — On gardait un levain dans le fond du cuvier dans lequel on préparait la nourriture des porcs pour trois ou quatre jours; et, lorsqu'on y avait jeté la nouvelle cuisson de pommes de terre et d'eau que devait contenir ce cuvier, on remuait la préparation avec une spatule. Dès le lendemain, la fermentation était en pleine activité. On prenait une portion de cette pâte, qu'on allongeait d'eau, pour la distribuer aux porcs, en sorte qu'ils ne mangeaient jamais qu'une nourriture fermentée. J'ai obtenu les meilleurs résultats, et, ma porcherie, assez considérable, puisque j'ai souvent vingt-cinq porcs, n'est alimentée qu'avec une nourriture fermentée. Je crois qu'il pourrait en être de même pour l'engraissement des volailles, et, bien que je n'en aie pas fait l'essai, j'engage mes lecteurs à le faire sans crainte. Les boissons fermentées sont bien préférables à celles qui ne le sont pas; le pain sans levain est d'une digestion plus difficile que le pain préparé avec levain. Revenons à nos dindons.

Quinze jours après ce nouveau changement dans l'alimentation, on supprime le repas de grain du matin, à la rentrée des champs, et on le remplace par de la pâtée; enfin, dans les derniers huit jours, lorsque le dindon a mangé de la pâtée, on lui fait avaler d'abord une ou deux boulettes de supplément par repas, et on ajoute une boulette de plus à chaque repas, ce qui fait qu'à la fin des huit jours le dindonneau mange, outre ce qu'il lui plait de manger seul, 18 ou 20 boulettes, qu'on prépare comme il suit:

On délaye de la farine non tamisée avec du lait caillé; cette farine peut être d'orge, de froment, de blé noir, ou même encore de maïs. On y ajoute une certaine quantité de pommes de terre cuites à la vapeur et écrasées. On forme avec cette pâte, après l'avoir bien pétrie avec la main, des pâtons ou boulettes longues d'environ $0^{m},06$ et grosses comme le doigt. On les fait avaler au dindon en ayant soin de les mouiller; car, si on ne prenait pas cette précaution, elles ne couleraient pas dans le gosier, puis on lui donne du lait. Pour empâter vite un certain nombre de dindons, il faut deux personnes; l'une des personnes prend l'animal entre ses jambes, l'y maintient de telle façon qu'il soit placé en face d'elle et lui ouvre le bec avec précaution; l'autre personne prend le pâton et l'introduit dans le bec en l'enfonçant jusque dans le gosier, en ayant soin toutefois de ne pas soulever la langue de l'animal et de ne pas le blesser avec ses ongles. Il faut faire descendre les pâtons jusque dans l'estomac en pressant, doucement avec l'index et le pouce, le long du cou des dindons; il ne faut laisser aucune partie du dernier pâton dans la gorge ni dans le cou de l'animal; on s'en assure en pressant doucement toute la longueur du cou. A mesure qu'on a empâté un dindon, on le met dans un petit parc, comme je l'ai indiqué pour les poules, afin de ne pas se méprendre et empâter deux fois le même dindon.

En Provence et en Flandre, on fait avaler aux dindons à l'engrais, outre la nourriture ordinaire, des noix avec leurs coques. On commence par leur en introduire une dans le bec, et on la conduit avec le pouce et l'index le long du cou jusque dans l'estomac. Le lendemain, on leur en fait avaler deux, puis trois, jusqu'à ce qu'ils en aient avalé 40. Ils digèrent cette nourriture, mais elle communique à leur chair une saveur huileuse et désagréable. Je n'hésite pas à proscrire cette pratique.

Après cette dernière huitaine, c'est-à-dire après quatre ou cinq semaines d'engraissement, les dindonneaux doivent être parfaitement gras. Je ne puis trop le répéter, il faut procéder avec la plus sévère économie, ne pas laisser perdre la plus petite partie d'aliment et employer les grains qui coûtent le moins cher pour faire ces engraissements avec profit, quand on en fait une spéculation. Si on se laisse aller au moindre désordre, si on emploie des grains d'un prix trop élevé, si on nourrit à tort et à travers les dindonneaux qui sont à l'engrais et ceux qui n'y sont pas, le profit sera nul, si même on n'éprouve pas de perte.

Quand il s'agit d'engraisser quelques dindons pour sa propre consommation, l'avantage de les avoir à sa portée, de pouvoir leur faire consommer une foule de débris de cuisine, et surtout d'avoir des bêtes fines et parfaitement grasses, peut établir une compensation avec les frais; d'ailleurss on ne peut pas toujours, dans tous les pays, se procurer, même avec de l'argent, des volailles grasses et délicates comme le sont celles qu'on engraisse par les procédés que j'indique, et, si on se trouve placé dans un pays où les glands, les faines et les châtaignes sauvages sont abondants, l'engraissement sera très-peu coûteux. Si on a de grands champs à faire parcourir, lors même qu'ils seraient semés en trèfle, les dindons peuvent y aller; ils leur font peu de tort, car ils ne mangent pas, comme les oies, jusqu'au cœur de la plante; ils se bornent à arracher quelques feuilles qu'ils saisissent avec leur bec pointu, ce qui ne fait aucun tort à la plante dans cette saison. L'engraissement est tellement bien préparé par cette bonne nourriture, qu'on arrive à le parfaire à peu de frais et en peu de temps. Mais, si on n'envoie pas les dindons aux champs ou si on ne peut les faire pâturer que sur des terrains vagues et dévorés par une foule d'autres animaux, ils coûteront, sans aucun doute, plus qu'ils ne vaudront. Les dindons engraissent bien plus difficilement que les dindes ; il est même presque impossible de les amener à un état de graisse parfait ; leur chair est beaucoup plus abondante, mais aussi beaucoup moins délicate que celle des dindes. Un dindon gras peut peser jusqu'à 8 kilog., une dinde ne dépasse presque jamais 5 kilog. La castration des dindons est sans utilité, aussi on ne les châtre jamais.

Je suis sévère dans mes calculs, mais c'est l'expérience qui m'a fait sentir la nécessité de calculer rigoureusement. Pour être assuré qu'on fait une spéculation avec profit, il faut se rendre compte de tout, apprécier tout, et établir une balance : elle seule peut apprendre si on fait bien ou mal. Un compte des dépenses et des recettes est donc indispensable.

Il faut ajouter cependant que l'on pourrait encore élever quelques dindons avec avantage, si on les envoyait aux champs avec les moutons ou les vaches ; leur fiente étant plus solide et moins abondante que celle des oies, elle ne fait pas autant de tort aux pâturages qu'on leur fait partager avec les bestiaux, et je suis convaincue que l'application de la betterave crue à l'engraissement de la volaille contribuera beaucoup à en augmenter le profit, parce que, relativement à la consommation et au produit, la betterave est, dans certaines contrées, une nourriture peu coûteuse *pour la volaille*. On pourrait peut-être trouver quelque autre plante qui aurait les mêmes avantages ; de ce nombre je mets le rutabaga, la citrouille, qu'on donnerait cuite, le topinambour et certains herbages. Cette question a besoin d'être encore étudiée, et je crois que, quant à présent, on ne peut faire mieux qu'on ne fait.

Quant au pauvre villageois, qui élève quelques dindons pour les vendre maigres, il peut le faire avec un certain profit, parce qu'il emploie à leur garde de jeunes enfants qui, sans cela, resteraient inoccupés, et qui gardent ces quelques dindons le long des chemins et dans les lieux abandonnés en quelque sorte, et impropres à tout autre emploi dans notre pauvre agriculture française, où l'on gaspille la terre, comme si elle n'était pas ce que l'homme possède de plus précieux.

Il y a des substances qu'il faut se garder de donner aux dindons : la vesce et la jarousse leur donnent des indigestions terribles ; la laitue, qui est assez bonne quand on la mêle à du son ou à de la recoupe, leur donne la diarrhée s'ils en reçoivent avec trop d'abondance, lorsqu'ils sont jeunes. On dit que la jusquiame, la grande digitale, la ciguë noire, leur donnent la mort ; il faut donc tâcher de détruire ces plantes dans les environs des lieux qu'ils fréquentent ordinairement. Enfin les limaces, les limaçons et les sauterelles, dont ils sont cependant fort avides, leur causent, lorsqu'ils en mangent avec excès, un flux de ventre qui souvent les fait périr; ils mangent aussi les hannetons et leurs larves, et même on emploie quelquefois les dindons pour détruire ces insectes; dans ce cas, on leur fait suivre les charrues qui labourent un champ infesté; mais, s'ils mangent ces insectes plusieurs jours de suite et en grande abondance, ils leur sont nuisibles aussi et donnent un très-mauvais goût à leur chair.

8. — Maladies.

Quand les dindonneaux sont malades, ils prennent un air triste et traînent les ailes; il faut les séparer de leur mère, afin qu'ils n'aillent pas aux champs, les tenir près du feu, et leur envelopper les pattes avec du chanvre, pour qu'ils ne les becquettent pas. On leur fait avaler du vin, on leur donne à manger une pâtée composée de chènevis écrasé et de farine que l'on mouille avec un peu de vin, et, s'ils ont encore l'habitude de coucher sous leur mère, on les lui donne le soir, sinon, on ne les lui rend que lorsqu'ils sont redevenus gais et vigoureux.

1. *Refroidissement.* Nous avons déjà dit que la pluie était le plus mortel ennemi des dindons. Dans leur premier âge, lorsqu'ils ont été mouillés, il faut les essuyer avec soin les uns après les autres devant un feu clair, et pour les empêcher d'en approcher de trop près et de s'y brûler, on les place sous une mue devant ce feu, qu'on entretient jusqu'à ce qu'ils soient secs. On couvre la mue du côté opposé au feu. On peut leur faire avaler quelques gouttes de vin ou de cidre; enfin on emploie tous les moyens possibles pour les sécher et les réchauffer.

2. *Échauffement.* On voit quelquefois les jeunes dindonneaux devenir languissants; leurs plumes se hérissent sur tout leur corps, le bout des plumes des ailes et de la queue devient blanchâtre, et dans cet état d'*échauffement*, selon le langage des fermières, ils périssent bientôt s'ils ne sont secourus. Il faut, dans ce cas, examiner attentivement les plumes qui garnissent le dessous du croupion, on en trouve deux ou trois dont le tuyau est rempli de sang; il suffit de les arracher pour rendre la santé aux malades.

3. *Roupie.* Plus tard, il leur vient quelquefois à la tête un engorgement qu'on guérit en en facilitant l'écoulement par les narines, qu'on lave et qu'on frotte avec du beurre frais. Quelquefois la tête se couvre de tumeurs en forme de boutons; on les lave avec de l'eau acidulée de vinaigre ou avec du vin chaud, et on leur donne à manger du chènevis ou de la pâtée au vin.

4. *Crise du rouge.* Lorsque les dindons prennent le rouge, il en périt beaucoup si le temps est variable, et presque point si la saison est favorable. Il faut les nourrir avec d'excellents grains et leur faire manger une pâtée dans laquelle on fait entrer du chènevis écrasé, du sel, du persil haché et du vin, et surtout des oignons dont ils sont très-friands, et qui leur conviennent parfaitement. On redouble alors de soins pour qu'ils ne souffrent ni du froid ni de l'humidité.

5. *Pustules.* Lorsque la croissance est terminée, les dindons sont encore exposés à une autre maladie qui se manifeste par des pustules, soit autour soit dans l'intérieur du bec et jusque dans le gosier, soit aux parties les plus dégarnies de plumes, telles que les faces internes des ailes et des cuisses, soit enfin sur les caroncules du cou. Rarement les dindons échappent à la mort lorsqu'ils sont atteints de cette maladie; cependant on peut tenter quelques moyens si les pustules sont extérieures. On peut cautériser avec un fer rougi à blanc, ou frotter plusieurs fois par jour les pustules avec de l'alcool camphré. On fait boire à l'animal du vin sucré et chaud; surtout il faut le séparer à l'instant des autres dindons.

9. — Produits.

Les dindons ne donnent d'autre produit que leur chair. Leurs plumes sont grossières et impropres aux usages auxquels servent celles des autres volailles; cependant celles de la queue peuvent faire de petits balais pour l'usage de la cuisine. On doit enlever les intestins du dindon, comme ceux de la poule, aussitôt qu'il est tué, et le plumer chaud. (Voir page 74.)

10. — Manière de tuer et de préparer les dindons.

On tue les dindons comme les autres volailles. Dans certains pays, les marchandes de volailles recueillent leur sang lorsqu'elles les tuent; on le fait cuire et on l'assaisonne. C'est un mets assez délicat qui ressemble à du boudin. On prépare aussi leurs membres comme les cuisses d'oies, en y ajoutant de la graisse de porc. Voir, à l'article Oies, la *Maison rustique des Dames.*

TROISIÈME PARTIE

L'OIE

L'oie (fig. 17) est sans contredit l'oiseau de basse-cour le plus utile après la poule: la dépouille qu'elle donne trois fois par an; les plumes de ses ailes dont on fait des plumes à écrire; son duvet; sa peau avec laquelle on fait une fourrure fort élégante, appelée communément *peau de cygne;* sa graisse si abondante et si délicate; sa chair excellente, enfin sa vigilance si célèbre, lui donnent une véritable importance dans les pays où l'on se livre en grand à son élevage. D. ns ces contrées, il y a ordinairement dans chaque village un seul gardien qui mène toutes les oies au pâturage; il les réunit au son de la cornemuse. Le soir, chaque bande va, sans hésitation, retrouver son toit où on lui distribue un supplément de nourriture.

Il y a deux espèces d'oies : une grosse, l'autre plus petite, mais chacune de ces espèces a plusieurs variétés. Lorsqu'on a des pâturages abondants, naturels ou artificiels, il est avantageux d'élever des oies de la grosse espèce; mais, lorsqu'on est embarrassé pour les nourrir, ou élève généralement la petite espèce; cependant il vaudrait peut-être mieux réduire le nombre de ses élèves et avoir la grosse espèce. En France les oies les plus célèbres sont celles de la Haute-Garonne, du Tarn, du Lot-et-Garonne et du Bas-Rhin.

Les oies vivent en bonne intelligence avec les autres oiseaux de basse-cour; elles aiment la propreté, redoutent les endroits boueux et s'éloignent du fumier. Elles font très-souvent leur toilette; il semblerait qu'elles savent que leur plumage est un de leurs produits. On doit les loger dans un toit particulier, sain, aéré, et assez spacieux pour qu'elles n'y soient pas entassées; leur renouveler très-

Fig. 17. — Oie et Jars de Toulouse

souvent la litière à fond et leur en mettre un peu de fraiche tous les jours.

On est loin de prendre ces soins pour les oies, au contraire on les entasse dans de petites écuries obscures et humides, sur une couche énorme de fumier qui entre promptement en fermentation : et cependant ces excellents animaux méritent et payent bien les soins qu'on leur donne.

1. — Jars.

Les mâles ont reçu le nom de jars. Ils sont généralement blancs et ne sont pas plus gros que les femelles.

Un jars suffit à six ou sept oies ; cependant il vaut mieux ne lui en donner que quatre, parce que le jars n'est pas comme le coq, qui ne s'occupe jamais ni de la couveuse ni de la couvée ; il est, au contraire, très-attentif à protéger l'une et l'autre.

Les jars attaquent parfois les enfants ; aussi faut-il se débarrasser bien vite d'un mâle méchant qui peut causer des accidents, surtout lorsqu'il a des petits.

Dans quelques contrées, chaque paysan a une ou deux oies et pas de jars. Au moment de la fécondation, on conduit les oies chez un propriétaire qui a des jars, et on paye un petit droit pour cela.

Il y a certains pays où l'on engraisse et vend les jars aussitôt que les oies couvent. On conserve quelques jars de la jeune couvée pour féconder les mères qu'on garde ; mais je ne crois pas cette méthode bonne, bien qu'elle soit économique, parce que le jars coûte cher à nourrir, et parce qu'on doit nécessairement détériorer la race. On ne doit jamais descendre pour l'améliorer, mais toujours remonter ; or un beau mâle doit être conservé tant qu'il est bon. Lorsqu'on veut améliorer la race d'oies qu'on élève, il faut se procurer des jars de la Haute-Garonne ou du Tarn.

2. — Oies.

Les oies ont généralement le plumage gris, quelques-unes sont blanches ou noires. Celles qui sont blanches ou presque blanches sont plus recherchées parce qu'on vend à un prix plus élevé leurs plumes et surtout leur duvet.

Les oies vivent vieilles, et, lorsqu'elles sont habiles couveuses, il faut les conserver tant que leur ponte est abondante ; elles peuvent pondre jusqu'à quinze, dix-huit et même vingt œufs, et elles ne peuvent en couver davantage. Lorsqu'on a des femelles moins fécondes, on peut acheter des œufs, parce qu'il arrive quelquefois qu'une oie pond plus d'œufs qu'elle n'en peut couver, et dans ce cas les fermières vendent l'excédant. D'autres fois, on ne fait pas couver l'oie, on vend ses œufs et on l'engraisse pour la vendre dès qu'elle a oublié sa couvée. Quelquefois encore on la laisse couver et on vend les petits quelques jours après leur naissance. Enfin, l'éducation des oies offre une multitude de petites combinaisons industrielles et économiques, selon les ressources dont on dispose.

3. — Nourriture.

Les oies sont des animaux très-dévastateurs, et par la manière dont ils dévorent les plantes, et par leur fiente abondante, liquide et brûlante. Cependant, si on n'a pas une grande quantité d'oies, elles peuvent aller pâturer avec les autres animaux sans nuire beaucoup au pâturage, car leur fiente en petite quantité est un engrais très-puissant. Elles mangent toutes les espèces de grains, les pommes de terre, les betteraves crues, les fruits, et surtout les raisins. Le parcours et la nourriture herbacée leur sont indispensables, et peuvent former leur nourriture exclusive. Les oies broutent dans les champs comme les moutons; il ne faut pas songer à élever des oies dans une basse-cour fermée; d'ailleurs leur voracité élèverait le prix de leur nourriture bien au delà de leur produit.

Les oies, comme les poules et les dindons, doivent trouver leur nourriture une bonne partie de l'année à peu de frais; aussi les nourrit-on, pendant toute leur éducation, d'abord de ce qu'elles mangent aux champs, dans les chemins, dans les terrains vagues et même dans les bois, où on les mène; puis d'herbages qu'on arrache pour elles dans les terres labourables, dans les vignes, les jardins; on leur donne surtout les plantes qu'on peut recueillir dans les ruisseaux et dans les lieux marécageux, comme le cresson, la persicaire, la moutarde sauvage, appelée *rusce* ou *sanfle*, le coquelicot sauvage, la nielle, et la salade de toutes les espèces. On doit joindre à cette nourriture un peu de son mouillé, et surtout ne pas négliger de leur donner à boire et de les faire baigner.

Si l'on veut élever des oies en grand, et que le pays n'offre pas la ressource des terrains vagues où l'on peut les envoyer pâturer, il faut faire des prairies artificielles pour leur parcours. Elles mangent très-bien le trèfle, mais elles ne mangent ni la luzerne ni le sainfoin. Les oies ne sont point coureuses, et il est très-facile de les faire paître avec ordre, c'est-à-dire de les tenir dans une partie du champ jusqu'à ce que toute l'herbe soit convenablement mangée, puis de les conduire dans une autre partie, tandis que la première partie qui a été dévorée repousse. Par ce moyen, le pacage se maintient plus long-temps.

Ces pacages doivent être formés des plantes convenables à la nourriture des oies, et que je viens de citer. Enfin il suffit d'observer un peu quelles sont les herbes que préfèrent les oies, et d'en ensemencer leur pacage.

Après ce pacage, cette terre est très-bien fumée pour recevoir une récolte quelconque ; car le fumier d'oie est très-actif, comme tous les fumiers d'oiseaux.

On peut même, avec avantage, ensemencer des champs en plantes propres à être distribuées aux jeunes oies dans leur cour. Elles aiment beaucoup toutes les espèces de salade ; mais la culture de ces plantes est trop coûteuse pour qu'on puisse la faire uniquement pour la nourriture des oies. Il faut cultiver des plantes sauvages qui prennent un grand développement par la culture : le coquelicot, les différentes espèces de moutarde, le trèfle, le ray-grass, les choux verts de toutes les espèces. Les oies ne mangent pas les choux pommés.

4. — Ponte, couvée, élevage, nourriture des oisons et des oies.

Les oies ne font qu'une ponte et une couvée par an. Elles commencent quelquefois à pondre dès le mois de janvier, mais plus ordinairement en février. On reconnaît que le moment de la ponte est venu quand les oies portent à leur bec des brins de paille dont elles veulent faire leur nid. Si l'oie choisit un endroit convenable, il ne faut pas la déranger, mais seulement l'aider à bien construire son nid. Si elle l'a mal placé, il faut lui commencer un nid dans un lieu convenable, c'est-à-dire dans un endroit sec, chaud et solitaire, et placer à côté de ce nid un peu de paille coupée, afin d'engager l'oie à le continuer, et même mettre sa nourriture à côté, pour qu'elle puisse manger sans se déranger. L'oie pond de deux jours l'un, quelquefois tous les jours. Quand elle a pondu, elle quitte le nid et on lui laisse sa liberté. On enlève l'œuf, et pour ne pas la dégoûter de son nid, on peut y laisser un œuf de plâtre. On conserve les œufs dans un endroit sec et à l'abri de la gelée ; on les recouvre soigneusement de son ou de sciure de bois. Quand la ponte est achevée, l'oie manifeste le besoin de couver en ne quittant pas son nid ; alors on lui rend ses œufs : quinze sont bien suffisants. Si elle en avait pondu davantage, on les donnerait à des oies qui en auraient moins.

Si on a un excédant d'œufs, on peut les mettre à couver sous des poules; mais, lorsque les œufs sont éclos, on fait soigner les oisons par des oies. Une poule couve quatre œufs d'oie.

Comme pour les poules, le nid doit être presque plat et n'offrir qu'une légère concavité. On nourrit les oies pendant l'incubation avec du grain et des recoupes, du son mouillé et quelques herbages, et on leur donne à boire. Si on a à proximité une pièce d'eau ou un ruisseau, on les y laisse aller boire et faire leur toilette. Pendant l'incubation, il ne faut les lever qu'une fois par jour pour manger, boire et fienter. Les oies sont très-ardentes couveuses. La couvée dure de vingt-sept à vingt-huit jours; vers le huitième ou dixième jour, on mire les œufs pour retirer ceux qui sont clairs, comme je l'ai indiqué à l'article *Incubation des poules*, page 47; ces œufs sont bons à manger, mais peu délicats.

Lorsque les oisons commencent à naître, on les retire de dessous la mère, parce que, comme il y a souvent inégalité dans l'éclosion, les soins qu'elle leur donnerait pourraient lui faire négliger l'incubation des œufs tardifs. On place les oisons, dès qu'ils sont éclos, dans un panier garni de laine et près du feu. Le lendemain de leur naissance, on leur donne à manger un peu de mie de pain et des recoupes mouillées. Quand toute la couvée est éclose, on rend tous les enfants à la mère, qui est ordinairement fort tendre; le père prend aussi les petits en grande affection; cinq ou six fois par jour on leur donne à manger, car la voracité de ces animaux se manifeste aussitôt qu'ils naissent. On peut leur donner du son, mais c'est à tort qu'on croit cette substance très-nourrissante, elle l'est fort peu; la recoupe vaut beaucoup mieux, et un peu de farine grossièrement moulue mêlée au son convient très-bien aux oisons et les fait grossir à vue d'œil. Les pommes de terre cuites et écrasées leur conviennent aussi parfaitement et peuvent remplacer la recoupe. Pour les faire manger, on place la mère à terre avec ses oisons, puis on leur distribue la nourriture; aussitôt qu'ils ont mangé, on les remet dans leur nid pour recommencer une ou deux heures après. Si le temps est très-doux, dès qu'ils ont cinq ou six jours, on peut les faire sortir un peu au milieu du jour. Dès qu'on peut se procurer quelques herbes, et les orties sont ordinairement les premières, on les coupe très-menu et on les mêle au son ou à la recoupe mouillés.

Les femmes qui élèvent les oies coupent les orties en réunissant les tiges la queue en haut, de sorte que les feuilles se trouvent placées à l'envers; elles serrent fortement la poignée qu'elles ont réunie, puis coupent, ou, pour ainsi dire, râpent avec un couteau cette réunion d'orties bien serrées; ce travail est difficile, long et même dangereux. Mais il est sans danger et triple de vitesse lorsqu'on emploie l'instrument qui sert à couper les feuilles de mûrier qu'on distribue aux vers à soie, dans leur premier âge.

Cette machine (fig. 18), appelée *coupe-feuilles*, est fort simple, et peut servir aussi à préparer la nourriture des canards, qui, comme on le sait, consomment beaucoup d'herbes hachées.

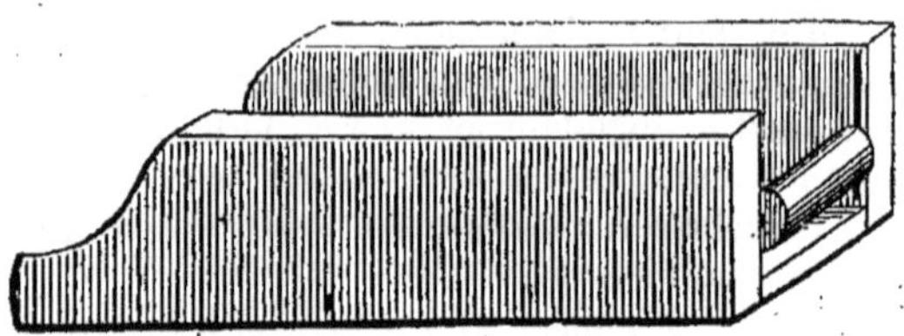

Fig. 18. — Coupe-feuilles.

On place une poignée d'orties dans la machine, et on l'introduit sous le rouleau qui est mobile, au moyen de petits tourillons qui vont et viennent dans des rainures pratiquées dans les côtés. On pousse les orties avec la main gauche, tandis que la main droite, armée d'un couteau à lame large et bien tranchante, les coupe à mesure qu'elles dépassent le rouleau et les deux montants. La machine est fixée sur une table au moyen de deux vis, dans la position convenable. Pour bien exécuter ce travail, on place la machine de biais. Lorsqu'on élève une certaine quantité d'oies et de canards, elle est presque indispensable.

Comme l'ortie est de toutes les plantes celle qui paraît le mieux convenir aux jeunes oies, on pourrait en cultiver aux environs de la maison, dans un lieu bien exposé au midi ; cette plante a une végétation très-active, et repousse aussitôt qu'elle est coupée. Je crois même que ce serait un des moyens à employer pour élever avec avantage les oisons ; c'est une faute de vouloir pratiquer l'élevage des oiseaux de basse-cour sans rien cultiver pour eux. Le paysan qui les élève en petit nombre trouve de suffisantes ressources dans la végétation naturelle ; mais, lorsqu'on veut les élever un peu en grand, cette ressource est insuffisante.

Dès qu'on a commencé à faire sortir les oisons avec leurs mères, il faut les faire sortir tous les jours et les envoyer à l'eau, mais éviter avec le plus grand soin qu'ils soient mouillés par la pluie. On choisit d'abord le milieu du jour, parce qu'il fait plus chaud ; mais, quand le soleil devient trop ardent, comme les oisons le redoutent, on les fait sortir le matin et le soir. Chaque fois qu'ils rentrent, on leur donne à manger de l'herbe arrachée pour eux, et, dès qu'ils sont assez forts pour la *déchiqueter*, on se dispense de la couper. On peut alors supprimer le son.

On peut nourrir les oisons et les oies jusqu'au moment de les engraisser par les moyens que j'indique ; mais je répète que le parcours leur est indispensable, et que, par conséquent, il faut avoir une quantité d'oies assez considérable pour payer les frais du gardien.

5. — Manière de plumer les oies.

On plume les vieilles oies trois fois par an, dès que les oisons n'ont plus besoin des plumes de leur mère pour se réchauffer. On opère ordinairement d'abord en mai, ensuite en juillet, et enfin à la fin de septembre; si on tardait davantage, les oies souffriraient du froid.

On ne doit pas plumer les oisons avant qu'ils soient *croisés*, c'est-à-dire que les extrémités de leurs ailes se croisent sur leur dos, ce qui arrive ordinairement vers la fin de juin ou en juillet. On peut ensuite les plumer à la fin de septembre, si on ne les destine pas à l'engraissement à cette époque; car il faut qu'une jeune oie soit bien emplumée pour engraisser. On doit laisser les plumes qui se trouvent placées de façon à soutenir le fouet de l'aile, sans quoi l'aile pend, ce qui fatigue beaucoup les oies.

On reconnaît que la plume est mûre quand elle se détache facilement; si on tarde à la récolter, elle tombe d'elle-même; si on la récolte trop tôt, elle se pelotonne et les vers s'y mettent. Il en est de même de la plume arrachée sur les oies mortes, si on l'arrache quand les oies sont déjà froides, elle se pelotonne facilement et perd sa valeur. Avant de plumer les oies, il faut les mener baigner dans une eau claire et les confiner ensuite pendant quelques heures sur un terrain gazonné pour qu'elles puissent se bien sécher sans se salir de nouveau.

Il ne faut pas enlever tout le duvet des oies vivantes qu'on plume. Lorsqu'on plume les oies mortes, on arrache d'abord la plume, puis ensuite le duvet, qu'on met à part et qui se vend le double. On place la plume dans une chambre carrelée, bien sèche, et dans laquelle on n'entre jamais que pour ce qui a rapport à la plume, comme pour la remuer de temps en temps ou la prendre pour l'ensacher et la vendre. Lorsqu'il fait beau et pas de vent, il est très-convenable d'ouvrir une ou deux fenêtres dans cette chambre pour donner de l'air et du soleil à la plume. Les paysans la mettent dans des tonneaux et la remuent de temps en temps, ce qui est loin d'être aussi convenable.

Lorsqu'on veut employer la plume soi-même, il est très à propos de la mettre dans des sacs sans la fouler, puis de placer ces sacs dans un four dont on vient de tirer le pain. Cette espèce de cuisson la dessèche, et détruit tous les insectes qui pourraient s'y trouver; elle y perd aussi une odeur assez désagréable que contracte la plume entassée. On la retire du four quand il est froid; mais, comme la plume perd beaucoup de son poids par cette préparation, la plupart des cultivateurs se gardent bien de la faire subir à la plume qu'ils veulent vendre.

Dans les pays où l'on prépare la peau de l'oie pour la vendre comme peau de cygne, on enlève avec le plus grand soin la plume, puis on écorche l'oie en fendant la peau par le dos. Cette peau se prépare ensuite par des moyens particuliers. Cette industrie a une grande extension dans le département de la Vienne; à Poitiers, il y a une fabrique de peaux de cygne qui en expédie de grandes quantités à Paris, dans le midi de la France et dans le nord de l'Europe.

Dans certains pays, on vend les plumes des ailes pour faire des plumes à écrire; ces plumes doivent être arrachées aux ailes au moment de la mue; elles ont alors tout leur développement, et l'arrachage en est moins douloureux. On les dégraisse en les plongeant dans de la cendre ou du sable fortement chauffé; on les frotte ensuite avec de la laine et on les fait sécher. Mais ce commerce a perdu beaucoup de son importance depuis l'invention des plumes de fer; dans d'autres pays, on coupe le fouet de l'aile, qui sert de plumeau pour épousseter les meubles, nettoyer les pétrins, rassembler les farines, nettoyer les tables des paysans après le repas, etc.; c'est un petit plumeau fort commode et qui ne coûte que de 5 à 8 centimes.

Une belle oie peut donner, chaque fois qu'on la plume, à peu près 100 grammes de plume, soit pour les trois dépouilles 300 grammes; en outre, elle fournit environ 25 grammes de duvet, c'est-à-dire 75 grammes par an. Un oison ne donne que 50 grammes de plume et 15 grammes de duvet à chaque dépouille, soit par an 100 grammes de plume et environ 30 grammes de duvet; une oie ne fournit, par an, que 8 à 10 plumes à écrire; la plume bien sèche se vend, en moyenne, 4 fr., et le duvet 7 fr. le kilogramme.

Lorsqu'on conserve des oies pendant plus d'une année, dans le but de recueillir leurs plumes, il faut, de préférence, garder les jars.

6. — Engraissement.

L'oie est de toutes les volailles celle qui prend la graisse le plus facilement et avec le plus d'abondance; il ne faut pas engraisser les oies plus tard qu'en novembre, parce que dès qu'arrive la saison des amours elles n'engraissent plus. On peut commencer en août. Avant de les mettre à l'engraissement, il faut les y préparer par une bonne nourriture, afin qu'elles soient bien en chair. Pour cela il faut, à la rentrée des champs, leur donner quelques grains de peu de valeur, comme du blé noir, de l'avoine, du maïs, et les faire barboter dans de l'eau à laquelle on ajoute un peu de farine commune ou de recoupe. Les betteraves crues les préparent très-bien à la graisse, c'est un aliment peu coûteux. On conduit alors les oies dans des chaumes où elles trouvent une quantité suffisante de grains. Lorsqu'elles sont en bon état, il faut les séquestrer, c'est-à-dire les placer dans un lieu obscur, silencieux et sain, et surtout les priver de toute distraction. Si on doit vendre les oies mortes, il faut les plumer sous le ventre avant de les mettre à l'engrais, parce qu'elles salissent leurs plumes en se couchant le ventre contre terre; mais, si on doit les vendre vivantes, il ne faut pas les plumer, elles seraient déparées et perdraient de leur prix; dans ce cas il faut redoubler de soins pour qu'elles aient une litière très-propre. On peut, pendant les huit premiers jours de l'engraissement, leur donner seulement à manger de l'avoine, et à boire de l'eau blanchie avec une farine quelconque, trois fois par jour.

On donne cette nourriture dans de petites augettes en bois, longues, étroites et peu creuses, le long desquelles les oies peuvent se ranger à côté les unes des autres sans confusion. La construction de ces augettes est peu coûteuse, et très-préférable aux vases ronds dans lesquels on donne ordinairement aux oies leur nourriture, et autour desquels elles se culbutent et se battent quelquefois pour en approcher avant leurs camarades, ce qui nuit beaucoup à leur engraissement. Le repas fait, on enlève les augettes pour que les oies dorment et digèrent sans préoccupation.

L'engraissement peut se faire entièrement ainsi, et vingt litres d'avoine par tête suffisent; mais il est long, et quoiqu'il paraisse moins coûteux, il l'est au moins autant qu'un engraissement fait avec des substances plus nutritives; d'ailleurs, les oies nourries avec l'avoine seule et à la dose de vingt litres, ne sont pas arrivées à cet état complet de graisse qui les rend *informes*, on peut dire, et incapables de se tenir debout. Après six à sept jours de nourriture à l'avoine, on y ajoute des pommes de terre bouillies qu'on pétrit avec de l'avoine et du lait caillé; cinq ou six jours après on y mêle un peu de farine d'orge, de blé noir ou de maïs, des pois cuits ou concassés, des raves bouillies, etc., et on peut leur donner à boire du lait caillé mélangé de recoupe. En dix-huit ou vingt jours de ce traitement, à partir de celui où les oies ont été séquestrées, elles sont parfaitement grasses, et cet engraissement est peu coûteux. Si l'on veut rendre l'engraissement plus parfait encore, après les repas la fille de basse-cour prend l'oie entre ses jambes et lui fait avaler deux fois par jour sept ou huit pâtons faits avec de la farine et des pommes de terre, comme il est dit à l'article sur les pâtons, page 73. Lorsque les oies sont arrivées à un état parfait de graisse, il faut les tuer tout de suite, car elles maigriraient.

Une manière plus convenable encore de les engraisser est de leur faire avaler trois fois par jour du maïs ou du grain. On s'assied, on met l'oie entre ses jambes et on lui ouvre le bec, pendant qu'une autre personne lui ingurgite du maïs ; lorsqu'il est descendu dans le jabot, on en ingurgite de nouveau jusqu'à ce que l'oie soit gavée presque jusqu'au bec. Une bonne fille de basse-cour gave facilement dix oies en une heure.

Aux environs de Toulouse, il y a pour les éleveurs d'oies deux industries très-distinctes : les uns font couver les œufs et vendent les oisons à l'âge de dix à douze jours ; d'autres les élèvent jusqu'à l'âge de six mois et les vendent aux engraisseurs au prix d'environ 3 francs pièce.

L'industrie des engraisseurs s'exerce sur les oies dès qu'elles ont six mois ; l'engraissement dure un mois dans le Tarn, un mois et demi dans la Haute-Garonne. On leur ingurgite, soir et matin, du maïs dans le jabot, à l'aide d'un entonnoir. On emploie ordinairement trente litres de maïs pour l'engraissement complet d'une oie, qui pèse alors 8 à 10 kilogrammes, et se vend de 10 à 12 francs. Les oies complétement engraissées présentent sous le ventre une masse de graisse qui touche à terre lorsqu'elles marchent.

On doit enlever le fumier des oies à l'engrais au moins tous les deux jours, et afin de ne pas troubler leur digestion, il faut l'enlever pendant qu'elles se sont éloignées pour manger. Il convient de placer les augettes dans une pièce voisine de leur toit ou dans un petit parc placé à côté de la porte du toit, comme celui que j'ai indiqué pour les poulets (page 33). Aussitôt le repas fini et la litière enlevée, on fait rentrer les oies dans leur toit, où elles ne doivent plus être troublées par aucune visite.

En Pologne, on met les oies, vers la fin de l'engraissement, dans des pots de terre défoncés et de forme convenable, de telle sorte que l'animal ne peut remuer dans aucun sens ; on place ces pots dans une cage sur des barreaux, afin de laisser passage à la fiente. On empâte ensuite les oies ; on ne leur donne que fort peu à boire et on les place dans un lieu très-chaud. En quinze jours elles deviennent tellement grasses qu'on est quelquefois obligé de casser les pots pour les en retirer ; on peut remplacer ces pots par des paniers à claire-voie en osier grossier. Aux environs de Strasbourg, où le but de l'engraissement de l'oie est d'augmenter le volume du foie, voici, selon M. Heuzé, comment on procède :

A la fin de l'automne on enferme les oies dans une boîte à deux ou plusieurs compartiments, placée dans un lieu obscur. Chaque case présente en avant une ouverture en forme de meurtrière par laquelle l'oie passe sa tête pour s'abreuver dans une petite auge pleine d'eau, placée extérieurement à la base de cette ouverture. Le côté opposé est à claire-voie. Quant au fond, il présente une échancrure en demi-lune pour que les déjections tombent en dehors de la boîte. Ces cellules sont étroites, afin que les oies y restent presque immobiles. C'est en novembre et décembre qu'on pratique, dans les environs de Strasbourg, l'engraissement des oies. Exécuté plus tardivement, il ne donnerait pas des résultats économiques aussi satisfaisants.

On choisit de préférence des oies âgées de six à huit mois. Les vieilles oies ne sont pas aussi recherchées, car, s'il est vrai qu'elles s'engraissent plus promptement et plus complétement que les jeunes oies, leur foie est moins blanc et moins ferme.

Cet engraissement se fait ordinairement avec du vieux maïs sec ou gonflé dans de l'eau chaude. On gave les oies deux fois par jour, comme dans les méthodes qui viennent d'être décrites; mais on ajoute à chaque repas un peu de sel et une petite gousse d'ail, et de temps à autre on donne une cuillerée d'huile de pavot. Pour gaver une oie, on la retire de sa cellule, et, lorsque son jabot est plein, on la laisse en liberté quelques minutes, après quoi on la renferme de nouveau.

Les oies ainsi nourries, tenues dans une immobilité pour ainsi dire absolue, sont complétement grasses entre le dix-huitième et le vingt-quatrième jour; c'est par exception qu'une oie s'engraisse en huit ou dix jours.

Une oie ainsi engraissée marche très-lentement, respire avec peine et est affecté d'une véritable hydropisie graisseuse. En outre, sa digestion se fait très-lentement, son sang est pâle, rosé et même blanchâtre, parce qu'il renferme beaucoup d'eau et de graisse, ses déjections sont très-graisseuses. Enfin sa chair est surchargée de graisse, et son foie est blanc, ferme et très-volumineux.

Les oies pèsent en moyenne, avant leur engraissement, de 3 à 4 kil. Quand elles sont grasses, leur poids varie entre 6 et 8 kilog., et elles ont en graisse plus du quart de leur poids.

Le foie d'une oie maigre pèse de 60 à 80 grammes. Après l'engraissement, son poids varie entre 200 et 500 grammes. Ainsi sous l'influence de l'engraissement cet organe augmente de trois à six fois son poids primitif.

Un foie bien gras, bien blanc et bien ferme, se vend à Strasbourg de 2 à 5 francs.

C'est avec le foie d'oie qu'on fait les terrines et les pâtés si renommés de Strasbourg et de Nérac.

Les vieilles oies engraissent plus facilement que les jeunes; leur graisse est aussi bonne que celle des jeunes, mais leur chair est beaucoup plus dure. On amène assez ordinairement une oie de la grande espèce à peser 7 à 8 kilogrammes; il y en a qui arrivent jusqu'à 10 kilog.; mais il leur faut bien vingt-cinq à trente jours d'engraissement pour arriver à ce poids.

7. — Avantages et inconvénients de l'élevage des oies.

Si les oies ont leurs avantages, elles ont aussi leurs inconvénients; elles fientent abondamment et partout, et, loin de favoriser la végétation des plantes, leur fiente les brûle et les salit tellement, qu'aucun animal ne peut pâturer après les oies. Cependant le fumier qu'on enlève dans leur toit est fort bon lorsqu'il est un peu consommé. Les oies sont criardes; il n'est pas possible de parler un peu vivement là où elles se trouvent, parce qu'aussitôt elles se mettent toutes à crier. S'il n'y a pas un gardien commun dans le village, il faut un petit domestique ou une petite servante pour les mener aux champs; elles consomment au logis d'énormes quantités d'herbes, qu'il faut choisir selon leur goût, et qui ne peuvent être arrachées qu'à la main si elles n'ont pas été cultivées à dessein pour elles. Il ne faut donc se livrer à l'élevage que lorsqu'on se trouve dans des conditions favorables, ou qu'on a su rendre telles par des cultures appropriées aux besoins des oies. Sans cela, leur compte se balance en perte chez un propriétaire. Je pense cependant que si on était placé dans des conditions favorables, il y aurait avantage à faire leur éducation en grand, par exemple à élever un troupeau d'une centaine d'oies. Il faut aussi considérer le plus ou moins de facilité et d'avantage de la vente, condition essentielle de toute spéculation. On doit encore examiner s'il y aurait plus d'avantages à les élever jusqu'à l'époque de l'engraissement, pour les vendre en bon état aux engraisseurs après les avoir plumées une fois, ou s'il vaut mieux les acheter pour l'engraissement. La solution de cette question varie nécessairement selon les conditions particulières de l'exploitation et de la contrée qu'on habite; j'ai dû poser la question, c'est à chacun à la résoudre.

Les oies de basse-cour ont beaucoup de tendance à suivre les oies sauvages; il est donc prudent de les surveiller à l'époque du passage des oies sauvages.

8. — Maladies.

Les oies, comme les poules, sont sujettes à la pépie, à la diarrhée, à la vermine, à la constipation. Elles sont beaucoup plus sujettes à l'apoplexie. Cette maladie se manifeste par un tournoiement continuel sur elles-mêmes; elles périraient bientôt si on ne les saignait en leur ouvrant, avec une forte aiguille ou un canif, une veine assez apparente placée sous la membrane qui sépare les ongles.

La ciguë, dont les oies sont très-avides, et la jusquiame, sont pour elles des poisons violents; à peine en ont-elles avalé une feuille qu'elles tombent, les ailes étendues, et périssent dans des convulsions si on ne leur administre sur-le-champ du lait frais avec de la rhubarbe. Les orties attaquées de la *miellée* ou du puceron sont aussi pour elles un poison. On fait cesser les accidents qui en résultent en leur donnant de l'eau tiède, dans laquelle on fait dissoudre 20 à 25 centigrammes de chaux.

9. — Préparation.

Quand les oies sont très-grasses, on peut, au lieu de les mettre à la broche pour recueillir leur graisse, les préparer d'une autre manière. Après les avoir bien plumées, on enlève la graisse partout où elle se trouve avec abondance, et on la fait fondre comme celle du porc; l'oie est encore fort bonne à manger.

On prépare aussi les membres par la salaison. Quelquefois on les fait cuire dans la graisse pour les conserver en pots, ce qui est excellent. On trouvera la recette de ces préparations dans ma *Maison rustique des Dames*.

10. — Oie d'Égypte.

L'oie d'Égypte (fig. 19), quoique originaire des pays chauds, s'habitue aisément à la température de nos climats. Le prince de Wagram en possède un troupeau à son château de Gros-Bois (Seine-et-Marne). A la ménagerie du Muséum de Paris, où des essais ont été faits avec beaucoup de suite depuis 1839, non-seulement, dit M. Geoffroy Saint-Hilaire, elles ont pondu et couvé, mais, ce qui est le caractère de la domestication accomplie, on a obtenu une race vraiment distincte, une race française. Jusqu'à ce jour, du moins, cette race a conservé, toutefois avec des nuances un peu éclaircies, les riches couleurs qui font de l'oie d'Égypte l'un des plus beaux palmipèdes connus; mais elle est devenue notablement plus grande et plus forte. Un effet beaucoup plus remarquable de l'influence du climat et de l'élevage est le suivant : sous le ciel de son pays natal, l'oie d'Égypte, en raison de la douceur extrême de la température en hiver, pond vers le renouvellement de l'année; les individus sur lesquels on a d'abord expérimenté au Muséum ont pondu, jusqu'en 1843, selon les habitudes de leur espèce, vers le commencement de janvier ou même à la fin de décembre, et l'éducation des jeunes oisons devait se faire ainsi dans la saison la plus rigoureuse. Mais, soit pour ces mêmes individus, soit pour leurs descendants, les pontes se sont reportées, en 1844, au mois de février; en 1846, au mois de mars, et, depuis lors, elles ont lieu en avril, en sorte que l'éclosion se fait maintenant dans la saison la plus favorable. Ainsi a été levée la plus grave des difficultés qui semblaient devoir s'opposer à la propagation de cette belle espèce.

Fig. 19. — Oie d'Égypte.

QUATRIÈME PARTIE

LE CANARD

Le canard est de tous les oiseaux de basse-cour le plus facile à élever, surtout si on se trouve placé à proximité d'un étang, d'une mare, d'un ruisseau ou d'une rivière ; mais dans ce dernier cas il est à craindre que la bande ne suive le cours de l'eau et ne s'égare. Dès que les petits canards ont acquis assez de force pour aller à l'eau, on les voit croître à vue d'œil. Lorsqu'il fait chaud, ils peuvent y aller dès le deuxième ou troisième jour de leur naissance.

1. — Races.

a. — Canard commun.

Il y a plusieurs races de canards, mais la plus répandue est une espèce qui se rapproche tellement du canard sauvage, qu'on pourrait presque les confondre ; il est seulement plus gros et a surtout les pattes plus grossières et souvent noires, tandis que le canard sauvage a les pattes sèches, délicates et d'un jaune orangé vif. On peut former des accouplements de canards sauvages et de canards domestiques, mais les produits n'ont pas la finesse du canard sauvage et perdent la grosseur du canard domestique ; ils conservent la faculté de voler au loin, faculté fâcheuse pour l'éleveur qui les voit partir de son habitation pour n'y plus revenir.

b. — Canard de Normandie.

Fig. 20. — Canard de Normandie.

Le canard de Normandie (fig. 20) est beaucoup plus gros et plus facile à élever que le canard commun; il faut donc chercher à s'en procurer. Il y a dans les canards communs une variété blanche qui est fort jolie, mais elle est plus petite que les canards de couleur et a moins d'aptitude à prendre la graisse.

c. — Canard de la Caroline. — *d.* — Canard à éventail.

Le canard de la Caroline (fig. 21) importé en France par de Coiffier, et le canard à éventail (fig. 22), qui a été envoyé de Chine au Muséum d'histoire naturelle de Paris, sont deux très-belles espèces.

Fig. 21. — Canard de la Caroline.

On peut dire que le canard de la Chine est aujourd'hui naturalisé en Europe. Le comte Demidoff a obtenu sa reproduction dans sa belle terre des environs de Florence, et depuis lors, elle a été également obtenue en Angleterre, en Hollande, en Belgique et en France. Il ne

Fig. 22. — Canard à éventail.

faut rien moins que l'extrême beauté de cet oiseau pour lui conserver le haut prix qu'on lui donne même dans le commerce.

e. — Canard musqué.

Il y a une espèce appelée *canard musqué*, ou de *Barbarie*, ou des *Indes*, qui est beaucoup plus grosse, plus belle et de couleurs plus vives que le canard commun ; le mâle porte une huppe sur la tête, qui est richement ornée de caroncules d'un rouge vif; il y en a de blancs. Cette race diffère beaucoup des autres par ses habitudes : ces canards vont à l'eau, mais ne la recherchent point, et ils se perchent volontiers sur des lieux peu élevés, tandis que le canard commun ne se perche jamais. Lorsque la femelle couve, si on la dérange, elle abandonne presque toujours ses œufs. Ses petits recherchent l'eau beaucoup plus qu'elle; mais il faut les en écarter si la saison n'est pas très-belle, parce qu'ils sont sensibles au froid. Ils se croisent volontiers avec le canard commun, mais seulement par le mâle, et pour cela il faut qu'il soit privé de femelles de son espèce, sans quoi il ne s'accouplerait pas avec une femelle de race commune. Les canetons qui proviennent de ces accouplements sont excellents à manger, très-gros, mais inféconds. Le canard musqué est fort bon à manger, mais il faut lui enlever la tête aussitôt qu'il est tué, parce qu'elle communique au corps un goût musqué fort désagréable. En général, les grosses races n'ont point un besoin aussi impérieux d'eau que les petites races, mais elles sont plus difficiles à élever.

2. — Canard.

Un mâle suffit à six canes, et comme il ne s'occupe pas des couvées, on peut le supprimer après la ponte, pour le remplacer au printemps suivant. Si cependant il était difficile de trouver dans le pays de beaux mâles de l'espèce qu'on élève, il faudrait le garder. Lorsqu'on doit conserver l'année suivante les mêmes canes, il vaut mieux se procurer un mâle dans une autre basse-cour que de garder un jeune canard de la couvée ; il y a toujours désavantage à descendre pour accoupler les animaux : il y a moins d'inconvénients à le conserver si on lui garde ses sœurs pour femelles, encore vaut-il mieux croiser les races, ce qui les améliore presque toujours, si le croisement est fait avec intelligence. Il faut mettre le mâle avec les femelles dès le mois de janvier.

Quelquefois les mâles sont si ardents qu'ils courent après les poules, les harcèlent et les tueraient, si on ne les délivrait de ces libertins. Ce défaut parfois est si prononcé, qu'on ne peut les garder dans une basse-cour où il y a des poules.

3. — Canes et Canetons.

Les canes couvent trente jours et aiment à cacher leur ponte ; elles sont, en général, méchantes quand elles couvent, et on est souvent obligé de leur enlever leurs petits quand ils sont éclos, parce que cette méchanceté entrave les soins qu'on doit donner sans cesse aux jeunes canards.

Tout ce que j'ai dit sur l'élevage, la couvée et les maladies des oies, peut s'appliquer aux canes. Seulement, celles-ci ont un besoin plus impérieux d'eau, surtout dans leur jeunesse, et il ne faudrait pas élever de canards si on ne pouvait leur procurer de l'eau. Si on n'a ni étang, ni mare, on peut faire, dans la basse-cour, une espèce de petit abreuvoir pavé, qu'on alimente au moyen de l'eau d'un puits que l'on y fait couler quand il en est besoin. On place le vase qui contient leur nourriture à côté, et on couvre le tout d'une grande mue. Les petits canetons s'introduisent sous la mue par l'eau, ce qui est impossible aux petits poulets. Mais les canards qui ont aussi peu d'eau à leur disposition croissent lentement, et bientôt cette eau ne peut plus servir qu'à les désaltérer, tandis qu'il leur est nécessaire d'aller s'ébattre dans l'eau et d'y trouver une foule d'insectes visibles ou invisibles à l'œil. Ils mangent le frai de grenouille et même les grenouilles, les salamandres, etc.

On peut aussi faire couver des œufs de canards par des poules, car c'est à tort qu'on dit que des canes couvées par des poules ne couvent jamais. Les poules ont une grande affection pour leurs canetons, mais ceux-ci n'obéissent pas aussi bien à une poule qu'à une cane, et souvent la pauvre mère pousse des cris inutiles, soit pour les appeler lorsqu'elle trouve quelque chose de bon à manger, soit pour les empêcher d'aller à l'eau, où elle les suit en général sans y entrer. Elle peut cependant être victime de son dévouement maternel, parce qu'elle se jette parfois à l'eau lorsqu'elle les croit en danger, et peut y périr. Ils quittent promptement cette mère adoptive, qui n'a pas leurs habitudes, mais ils peuvent facilement, encore fort jeunes, se passer d'elle.

Les canes pondent avec bien plus d'abondance que les oies, et leur ponte peut dépasser trente œufs. Les canes de l'année ne pondent jamais avant le printemps; seulement, si elles ont été précoces, leur ponte est précoce aussi au printemps suivant. Lorsqu'elles ne couvent pas ou qu'elles manquent leurs couvées, il leur arrive parfois de pondre quelques œufs en août. Leurs œufs sont bien meilleurs que ceux des oies, mais ne valent pas ceux des poules. On les estime pour la pâtisserie, quoique cependant les blancs ne montent pas et ne puissent se battre comme ceux des poules, pour être convertis en *neige*.

Les canetons courent le jour même de leur naissance, et iraient à l'eau si on ne s'y opposait. Mais, comme ils naissent souvent lorsque la saison est encore froide, l'eau leur ferait mal; il faut se borner, pendant trois ou quatre jours, à leur donner de l'eau dans un plat creux, surtout s'ils ont été couvés par une poule qui ne peut les guider à l'eau. La pluie leur est nuisible, comme à tous les jeunes oiseaux de basse-cour. Lorsqu'ils sont mouillés, soit par la pluie, soit parce qu'en allant chercher leur nourriture dans la mue, qu'on leur a préparée, ils traversent l'eau et s'y culbutent les uns par-dessus les autres, leur duvet se colle, il devient comme visqueux et ils courent risque de succomber si on n'y porte remède. Pour les sauver, on les envoie à l'eau lors même qu'elle serait froide, on les laisse s'y débarbouiller, puis on les ramène devant une cheminée dens laquelle on fait un feu clair, et on leur donne là leur pitance. Pour les empêcher de se jeter dans le feu, qu'ils ne redoutent point tant ils sentent le bien qu'il leur fait, on place devant le feu un cadre léger en bois garni d'un filet à mailles carrées, qui leur sert de garde-feu, sans les empêcher d'en sentir la bienfaisante chaleur. Ils se sèchent, se réchauffent et reviennent à la vie. Sans ce soin, ils meurent. Un caneton mouillé par la pluie dans les huit premiers jours de sa naissance court grand risque de périr, mais il peut presque impunément s'ébattre dans une pièce d'eau. Ils sont excessivemant voraces, et il faut leur donner à manger six ou huit fois par jour. Le coupe-feuille, dont j'ai parlé page 108, n'est pas moins utile pour préparer leur nourriture, et les orties leur conviennent encore plus qu'aux oies. C'est avec l'ortie qu'on fait la *mincée*. On appelle ainsi les orties coupées en petites lanières très-fines, et mêlées avec du son mouillé ou de la recoupe. Les canetons mangent bien la salade ; mais, si on la leur donne exclusivement, elle détermine la diarrhée ; on peut alterner la salade avec les orties, si elles sont rares.

Il arrive souvent que les canetons mangent mal pendant les huit premiers jours de leur vie, et sont si faibles qu'il en meurt beaucoup. Cela tient à ce qu'on les nourrit mal ; en effet, on leur donne ordinairement du pain émietté sec ou mouillé ; ils avalent difficilement le pain sec, et le pain mouillé les empâte, le son ou les recoupes mêlées de feuilles d'orties hachées ne sont pas pour eux une nourriture assez substantielle, ils meurent parce qu'ils ne mangent pas suffisamment. Une excellente nourriture à leur donner est du vermicelle. On le fait cuire dans l'eau et on le mêle à leur pâtée composée de recoupe et d'orties hachées. Ils le mangent avec avidité. On sauve un caneton avec 5 ou 7 centimes de vermicelle.

Comme la chaleur est plus nécessaire aux canards qu'aux oies, il faut, autant que possible, retarder les couvées.

En trois ou quatre mois, un canard a atteint son développement ; on peut le manger dès qu'il a *les ailes croisées*, c'est-à-dire quand le fouet des ailes se croise au-dessus de la queue ; il n'est pas encore gras, mais s'il a été bien nourri, il est en chair. L'élevage des canards est donc facile et prompt.

Le parcours ne leur est point nécessaire, on peut se dispenser de les mener aux champs ; mais, moins encore que les poules, ils peuvent être élevés dans une basse-cour fermée, et tout ce que j'ai dit au sujet des poulets, sur ce point, peut s'appliquer aux canards. Ils mangent beaucoup moins d'herbes que les oies, cependant ils paissent ; ils sont encore plus carnivores que les poules, et dévorent toute espèce d'animal qu'on peut leur jeter. Il convient donc de leur donner tous les débris de viande de la cuisine, même les souris et les rats, pourvu qu'on n'ait pas employé le poison pour les tuer.

Les canards sont très-avides et ont, comme les oies, un besoin continuel de manger et surtout de boire. S'ils ont été couvés par une poule, tant qu'on retient la poule sous une mue, il faut laisser de la nourriture à leur disposition ; une fois qu'ils suivent leur mère, on peut se borner à leur en donner, comme je viens d'indiquer, parce qu'ils trouvent, guidés par leur mère, une foule d'insectes et d'herbes ; il convient aussi de leur mettre à manger sous une mue, au bord de l'eau. On les y met une ou deux fois, ils savent bientôt y retourner seuls. Ils mangent moins à la fois que les poules, mais digèrent avec une rapidité extraordinaire.

Quelquefois les canes, au lieu de pondre dans le toit qu'on leur a préparé, pondent, ou dans des cachettes qu'elles ont choisies, ou n'importe dans quel lieu, même au milieu de la basse-cour ; mais, comme elles pondent presque toujours le matin avant huit heures, il est facile et à peu près indispensable de les tenir enfermées jusqu'à ce qu'elles aient pondu ; on peut les tâter, et ne mettre en liberté que celles qui n'ont pas l'œuf.

Il arrive parfois que la cane est parvenue à se faire un nid au pied d'une haie ou d'un buisson, elle y couve ses œufs et, au moment où on s'y attend le moins, elle amène sa couvée à la basse-cour pour avoir à manger ; ces couvées seraient les meilleures si elles n'étaient pas exposées à une foule d'accidents qui les font périr. Si on découvre le nid, et qu'il soit possible de le mettre à l'abri sous une mue ou un petit abri construit à dessein, il faut le laisser où il est, donner, une fois par jour seulement, à manger et à boire à la cane, sous la mue.

4. — Nourriture.

C'est surtout pour l'élève des canards que les betteraves sont d'un usage économique et parfait ; la première fois qu'on leur en donne, ils les picotent et semblent les mépriser ; peu à peu ils s'y habituent et en deviennent tellement avides, qu'ils les dévorent dans un instant. Cette nourriture les amène à un état de graisse parfait, sans qu'il soit besoin de les enfermer, et la graisse qu'elle produit est plus blanche et plus ferme que celle de toutes les autres substances. Cependant il ne faut pas se borner à cette nourriture, surtout si les canards vivent dans une basse-cour fermée ; mais elle peut former la base de leur alimentation. La pomme de terre cuite leur réussit très-bien, ainsi que les citrouilles et les raves ; ils mangent aussi tous les grains et farines qu'on donne aux poules, et sont avides de licoches et de limaçons ; et, comme ils ne grattent pas, ils font peu de tort aux jardins ; on peut les y mettre pour faire la guerre à ces insectes destructeurs.

5. — Engraissement.

Les canards s'engraissent par les mêmes procédés que ceux que j'ai indiqués pour les oies, et on peut les amener à un état de graisse tel, qu'il leur est impossible de bouger. Comme pour les oies, dès les mois de janvier ou de février, l'engraissement devient très-difficile à cause de la saison des amours.

Les canards sont très-avides de chrysalides de vers à soie; ce qui donne à leur chair un goût désagréable qui disparaît si on les alimente avec d'autres substances dans les quinze derniers jours de leur engraissement. On peut donc, dans les filatures de soie, élever un grand nombre de canards presque sans frais, car les chrysalides sont sans valeur. Les jeunes canards nourris de chrysalides se développent avec une rapidité incroyable; mais il faut qu'ils aient de l'eau en abondance, et il est nécessaire d'ajouter à cette nourriture échauffante de la salade ou d'autres herbages.

Les canards atteignent leur développement plus promptement que les poulets; trois ou quatre mois suffisent pour qu'ils soient propres à être mis à l'engrais. Ils s'engraissent presque aussi bien libres que renfermés.

L'engraissement libre est plus long que l'engraissement par le séquestre; il présente en outre cet inconvénient, qu'il faut engraisser toute la bande, tandis que lorsqu'on enferme des canards, on choisit ceux qu'on veut engraisser. Dans les premiers jours de leur réclusion ils maigrissent; il ne faut pas qu'ils entendent leurs camarades libres; le désir de les rejoindre troublerait leur engraissement.

6. — Logement des canards.

On peut faire coucher les canards dans le poulailler, mais alors il faut leur réserver un coin au-dessus duquel il n'y ait pas de juchoir, car les poules le saliraient; ce qu'il faut éviter. Il vaut mieux leur donner un toit à part, parce qu'ils n'ont pas les mêmes mœurs que les poules, et ce toit est même indispensable si on élève beaucoup de canards. Il faut enlever leur litière encore plus fréquemment que celle des poules, parce qu'ils couchent dessus. Les canards ne perchent pas, ils rentrent beaucoup plus tard au toit que les poules; il ne faut donc pas le fermer avant de s'être bien assuré qu'ils sont couchés.

7. — Avantages de l'élevage des canards.

Lorsqu'on se trouve placé dans des conditions favorables à l'élevage des canards, ils forment un des meilleurs produits d'une basse-cour. Ils sont moins délicats que les autres volailles, se développent vite, sont faciles à nourrir et à engraisser; leur ponte dépasse de beaucoup les besoins de leur couvée, et on peut, soit faire couver l'excédant de leurs œufs par des poules, ce qui est souvent nécessaire, parce que beaucoup de canes ne couvent pas; soit le consommer, et enfin, comme faute d'eau on ne peut pas élever des canards partout, ils se vendent plus cher que les autres volailles, proportionnellement aux frais qu'ils occasionnent. Un canard ordinaire pèse environ 2 kilog. lorsqu'il est gras; un canard de grosse espèce peut peser jusqu'à 4 kilog., lorsqu'il est arrivé à un état parfait de graisse. Il y a à Toulouse une très-belle espèce de canards, qu'on pousse jusqu'à 5 kilog. Ces engraissements sont achevés avec des boulettes de farine de maïs.

On prépare et on conserve la graisse et les membres des canards comme on le fait pour les oies. Voir la *Maison rustique des Dames.*

8. — Manière de tuer les canards.

Lorsqu'on veut tuer un canard, il faut bien se garder de le saigner, sa chair perdrait l'excellent goût qui la fait rechercher. Il faut le tuer en lui introduisant dans le bec un couteau très-pointu ou une très-forte aiguille qu'on fait pénétrer jusque dans la cervelle. Il faut le plumer chaud quand on le tue, et le vider comme je l'ai indiqué pour les autres volailles. La plume des canards est fine, courte, arrondie et par conséquent excellente, mais le préjugé contraire est tel qu'elle se vend mal.

CINQUIÈME PARTIE

FAISAN, PINTADE, PERDRIX, CAILLE, PAON, CYGNE, HOCCO, AGAMI, MARAIL ET GOURA

CHAPITRE I

LE FAISAN

Il y a trois espèces de faisans :

Le faisan *commun*, dont la poule est grise et grosse comme la poule commune, et dont le mâle, à peu près de la même grosseur, est orné d'un magnifique plumage et d'une longue queue.

Le faisan *argenté*, qui est plus gros que le faisan commun, et dont la femelle est grise. Cette espèce s'élève aussi bien que le faisan commun.

Le faisan *doré*, un des plus beaux oiseaux qui existent, mais d'un caractère farouche et méchant, est beaucoup plus petit que les deux autres races. Sa femelle est plus grosse que lui et semblable à peu près à celle du faisan commun. Il ne prend son beau plumage qu'au printemps qui suit l'époque de sa naissance ; il est très-délicat.

Le faisan est de tous les oiseaux celui dont la chair est la plus estimée; elle est, en effet, fort délicate ; mais la perdrix rouge et la pintade lui cèdent peu en qualité. Le soin extrême qu'on met à préparer et à faire cuire un faisan qui a coûté fort cher ajoute beaucoup à son mérite.

On est parvenu à élever des faisans dans la basse-cour ; mais leur enfance est aussi délicate que celle de la perdrix, et de plus, ils ont à supporter une crise souvent funeste au moment de la mue de la queue, vers le troisième mois.

Lorsqu'on est parvenu à se procurer des œufs de faisan, ce qui est assez facile si on a un mâle et plusieurs femelles enfermées avec lui dans une petite cour grillée, il est préférable de les faire couver par une petite poule anglaise, parce que son extrême familiarité apprivoise un peu les jeunes faisans, qui sont d'un caractère très-sauvage. D'ailleurs, une poule faisane ne couve pas en cage, mais elle y pond jusqu'à vingt ou vingt-cinq œufs. En général on n'élève que quatre ou cinq faisans par couvée de quinze œufs. On peut en élever un plus grand nombre, si on a une grande habitude de leur élevage. Si l'on ne veut pas faire les frais d'une petite cour couverte en filets, dans laquelle on conserve les jeunes faisans tant qu'ils ne sont pas bons à être mangés, on peut les laisser dans la basse-cour, et ils sont même mieux portants et meilleurs à manger; mais alors il faut leur casser le fouet de l'aile avant qu'ils puissent voler; ils supportent assez bien cette opération. S'ils s'envolaient, ils gagneraient promptement les bois, ne reviendraient plus à la basse-cour, et il ne serait plus possible de les prendre qu'à coups de fusil, à moins qu'ils ne soient en troupe très-nombreuse, et en quelque sorte apprivoisés, comme j'en ai vu à la belle faisanderie du roi Charles X à Vincennes. Ces faisans, élevés en très-grand nombre (sept à huit cents), dans une vaste cour où étaient disposées leurs habitations, couvertes de filets, recevaient, quand ils pouvaient voler, leur nourriture dans une des allées du bois; le garde sifflait, aux heures de repas, et l'on voyait fondre de toutes parts des nuées de faisans qui venaient chercher leur pitance, qu'on faisait venir à grands frais, car elle se composait en grande partie de fourmis. Il était impossible d'approcher de ces troupes de faisans, et il eût été encore plus difficile de les prendre autrement qu'avec des filets; ils étaient destinés à être chassés par Charles X, lorsqu'il venait faire une battue dans le bois de Vincennes. On avait établi un tir près de la faisanderie.

On peut garder le père et la mère dans une très-grande cabane en bois, dont le devant est fermé avec un treillage de bois ou mieux de fil de fer, parce qu'il intercepte moins la lumière et l'air; mais il ne faut pas songer à élever les jeunes faisans dans un aussi petit espace. Dans les premiers jours de leur existence, on peut placer la mère dans une boîte de 2 mètres de long sur 0^{m},60 à 0^{m},80 de large et de 0^{m},50 de profondeur. A l'un des bouts de la caisse, on place quelques barreaux verticaux, et on recouvre aussi cette petite séparation avec un couvercle à jour. On met la poule qui a couvé les faisans dans cette case avec les petits, qui passent facilement à travers les barreaux de la case. On place la nourriture des faisandeaux dans la partie libre de la caisse, et ils vont et viennent de cet espace dans l'espace occupé par leur mère, à laquelle on donne à manger et à boire dans sa case. Par ce moyen, on peut facilement faire sortir ou rentrer la petite famille selon le temps, sans l'effaroucher ni la déranger. Des caisses à savon peuvent être appropriées à cet usage.

Lorsque les faisandeaux commencent à grossir, on peut construire un enclos de planches de 3 à 4 mètres sur chaque face; au milieu de l'enclos on plante un piquet plus élevé et on couvre le tout d'un filet fait avec de la grosse ficelle, et on élève dans un coin un petit toit pour servir d'abri à la couvée. Cet enclos peut être établi à peu de frais dans un lieu sec, en pente et sablé; on y jette des grains à l'avance, pour qu'ils y germent, parce que les petits faisandeaux mangent les jeunes tiges. Enfermés ainsi avec une petite poule, leur mère adoptive, ils prospèrent s'ils reçoivent une nourriture convenable. Leur éclosion réclame les mêmes soins que celle des poussins. Dès qu'ils sont éclos, il faut leur donner des œufs durs hachés très-menu, des œufs de fourmis et des fourmis; on doit leur distribuer peu de nourriture à la fois et très-souvent, et il faut qu'ils aient toujours de l'eau claire dans un vase peu creux, pour éviter qu'ils se mouillent. On met les fourmis dans un sac avec une pelle, et on met ce sac dans le four après que le pain en est retiré; les fourmis meurent, et alors il est facile de les donner aux faisandeaux. A l'âge d'un mois, on peut ajouter à cette nourriture délicate du petit blé, du maïs-poulet ou concassé, du millet, du sarrasin, du chènevis, même des criblures de grains, et on peut supprimer les œufs durs et même les œufs de fourmis. Mais au moment de la mue, qui a lieu à deux mois, ils ont besoin d'une nourriture animale; alors il faut leur donner de nouveau des fourmis, de petits vers ou de la viande cuite, séchée au four et hachée. Aussitôt cette crise passée, ils se nourrissent comme les autres volailles; mais, si on les tient enfermés, il faut leur jeter des herbages, de la salade et autres plantes qu'on verrait leur convenir, et continuer aussi de leur donner un peu de nourriture animale. Il faut couvrir la cour des faisans avec des paillassons quand le sol est mouillé, et exposer les faisans au soleil chaque fois que cela est possible.

Une des difficultés de l'élevage des faisandeaux c'est que le plus léger contact avec les corps extérieurs les tue. Ainsi ils meurent si leur mère leur met la patte sur une partie quelconque du corps; ils meurent s'ils sont touchés par les vêtements de la personne qui les soigne.

Le prix élevé des faisans, à Paris et dans les grandes villes, peut largement payer les dépenses de leur nourriture, partout où on peut se procurer des œufs de fourmis. Quant aux soins continuels qu'ils réclament, ils ne peuvent être payés que si on élève un assez grand nombre de faisans pour qu'il soit nécessaire d'y consacrer une personne spéciale. Mais ces soins peuvent être donnés comme amusement par une maîtresse de maison; ce serait même un moyen à offrir à des jeunes filles de se faire un petit revenu : tant de jeunes filles qui habitent la campagne gaspillent leur temps, qu'il serait préférable de leur voir en employer une partie à élever des faisans.

On a réussi à accoupler le mâle faisan avec la poule anglaise, et on a obtenu une race métisse, dont la chair est fort délicate et les petits moins difficiles à élever que les faisans; mais les produits de ces accouplements ne se reproduisent pas. Pour obtenir ce croisement, on met un mâle faisan avec trois ou quatre poules anglaises dans une case préparée comme je l'ai indiqué, ou dans une petite cour dans laquelle on élève une petite cabane pour servir de poulailler aux poules; il ne faut pas négliger d'y mettre un perchoir, car les poules et les faisans se perchent.

CHAPITRE II

LA PINTADE

La pintade (fig. 23) a une chair excellente, qu'on peut comparer à celle du faisan, dont elle atteint presque la qualité; elle pond beaucoup, et ses œufs sont petits, mais bons. Elle ne commence la ponte que quand il fait chaud. Elle va pondre ordinairement dans des haies, au pied d'un buisson; il faut la guetter et ne jamais laisser plus d'un œuf dans le nid, de peur d'accident; les pintades pondent jusqu'à trente œufs. Un mâle suffit à six ou sept femelles.

Cet oiseau est peu affectionné à sa couvée; aussi il est plus sage de faire couver ses œufs par des poules. La pintade est de la grosseur d'une poule moyenne; son plumage, moucheté de blanc, de noir et de gris, est très-beau; sa tête et son cou sont environnés, comme ceux des dindons, de caroncules qui changent de couleur du rouge au bleu. C'est un fort bel oiseau, et dont l'élevage serait très-profitable, si, dans nos climats, son enfance n'était pas si délicate; aussi demande-t-il de grands soins : le froid, la pluie, causent sa mort, et il est si sauvage, qu'il est très-difficile de le soustraire aux intempéries.

Fig. 23. — Pintade.

Il faut, dans leur jeune âge, nourrir les pintadeaux avec des œufs durs hachés très-menu et mêlés de pain émietté, d'œufs de fourmis et de fourmis; on peut y ajouter du millet, du chènevis, du petit froment et de petits vermisseaux. On doit tenir la mère constamment sous une mue placée dans un lieu sec et chaud, et la garder dans un poulailler ou une chambre chaude, quand il pleut et fait froid. Quand les petits sont bien emplumés et que leurs caroncules sont tout à fait rouges, ils deviennent très-rustiques, aussi faut-il mettre tous ses soins à les apprivoiser quand ils sont jeunes, en les faisant manger près de soi, même dans la main. Dès qu'ils sont adultes, on les nourrit comme des dindons et ils n'ont point besoin d'être engraissés; lorsqu'elles sont bien nourries, les pintades, comme les oiseaux sauvages, sont en bonne chair, sans graisse surabondante; elles restent en troupes comme les perdrix et les canards, et ne se dispersent pas comme les poulets adultes.

Il faut laisser coucher les pintades dehors, sur une roue ou dans un arbre. Pour les tuer, on va les surprendre, la nuit, dans la petite cour ou dans la chambre où on les a fait entrer, en leur donnant à manger; il serait bien de leur apprendre à venir recevoir leur nourriture dans un petit parc fait à dessein, ce serait un moyen de les apprivoiser et de les prendre. Elles ont un défaut qui les rend intolérables dans une basse-cour voisine de l'habitation, elles poussent des cris aigus, qu'elles redoublent aussitôt qu'elles entendent parler; elles sont si sauvages qu'on en voit un grand nombre déserter pour toujours l'habitation où elles sont nées lors même qu'elles y sont entourées de bons soins.

Les pintades sont sujettes aux mêmes maladies que les dindons et réclament les mêmes soins. Elles vont aux champs, mais il est difficile de les y conduire et de les y garder : elles y vont seules et font des dégâts.

CHAPITRE III

LA PERDRIX

Les perdrix ne couvent pas en cage ; mais on peut assez facilement se procurer des œufs de perdrix, parce que les gens de la campagne, surtout les bergers et les faucheurs, trouvent souvent des nids. Si les œufs ne sont pas couvés, ce dont on s'assure en en cassant un, on peut les garder jusqu'à ce qu'on se soit procuré une poule qui veuille couver. Les poules anglaises sont préférables. Si l'incubation est commencée, il faut mettre le plus grand soin à ne pas laisser refroidir les œufs et les placer immédiatement sous n'importe quelle poule qui couve, puis se procurer une poule anglaise, car une très-grosse poule ne conviendrait pas pour élever des perdreaux. On peut donc se procurer une poule convenable et lui donner à couver des œufs de perdrix, ou les substituer à ses propres œufs alors même qu'elle aurait commencé à les couver : il est facile de tromper une poule qui couve, et lorsque les perdreaux éclosent, elle les adopte parfaitement. Les poules anglaises conviennent mieux pour couver des perdreaux que toutes les autres races de poules, parce qu'elles sont excellentes mères, qu'elles sont petites et mignonnes et qu'elles ont plus de douceur et de délicatesse dans les mouvements que les poules de grosse race, dont le poids seul pourrait nuire aux perdreaux. D'ailleurs, les grosses poules ne sont jamais aussi familières qu'une poule anglaise, et cette familiarité est absolument nécessaire pour élever des perdreaux.

Les perdreaux gris sont plus faciles à élever que les perdreaux rouges; ils s'apprivoisent mieux.

Les soins que réclament les perdreaux sont semblables à ceux que demandent les faisans. Il est plus facile de leur laisser leur liberté; ils sont moins sauvages, et il est quelquefois possible d'obtenir qu'ils reviennent à la basse-cour tout l'hiver et aillent coucher au poulailler; mais vers les mois de février et mars, temps des accouplements, ils disparaissent toujours de la basse-cour pour n'y plus revenir.

Les chiens de chasse les poursuivent aussitôt qu'ils s'écartent un peu de la basse-cour, et quelquefois même dans la basse-c ur; et les chats, qui en général n'attaquent pas les petits poulets, mangent volontiers les petits perdreaux. Si on veut amener les perdreaux à bien, il est sage de les tenir enfermés jusqu'à l'âge de deux mois; à cette époque ils sont très-agiles et fuient leurs ennemis.

Les œufs de perdrix rouges sont d'un blanc sale et piquetés de brun; les œufs de perdrix grise sont d'un blanc verdâtre.

CHAPITRE IV

LA CAILLE

On se procure des œufs de caille par le même moyen que des œufs de perdrix, et on les élève de même. La caille est plus robuste que la perdrix et plus facile à élever. Son peu de valeur fait qu'on se livre moins à son éducation, qui cependant aurait plus de succès que celle de la perdrix et du faisan.

A Paris, une foule d'ouvrières élèvent des cailles avec succès dans de très-petites cages placées dans leur chambre.

CHAPITRE V

LE PAON

Tout le monde connaît le magnifique plumage et les riches couleurs dont la nature s'est plu à parer le paon ; aussi c'est plutôt comme ornement que comme produit qu'on l'entretient dans une basse-cour ; cependant les paonneaux sont fort bons à manger. Les vieux ont la chair coriace ; mais en cela ils ressemblent aux autres oiseaux de basse-cour.

Le paon a une certaine analogie avec la pintade, et on remarque même que c'est de tous les oiseaux de basse-cour celui qu'il affectionne le plus ; comme la pintade, il se plaît à jucher dehors, sur les arbres et même sur les toits. Il montre autant d'ardeur que le coq pour les femelles ; on lui en donne ordinairement quatre à cinq ; quand il en a moins, il les fatigue au point de les rendre stériles.

La paonne pond rarement dans le poulailler ; elle cherche, comme la pintade, à cacher ses œufs. Elle ne fait par an qu'une ponte de sept à huit œufs; elle les couve elle-même si on la laisse libre du choix de son nid ; mais, si on veut se mêler de la faire couver, elle abandonne ses œufs ; aussi vaut-il mieux les faire couver par une dinde. La couvée se conduit comme celle des dindons, et les petits réclament les mêmes soins. Les paonneaux sont malades au moment où ils sont prêts d'avoir l'aigrette ; c'est pour eux un temps de crise comme le rouge pour les dindonneaux. Aussi doit-on prendre d'eux les mêmes soins. Il ne faut pas les laisser approcher du mâle avant qu'ils aient l'aigrette, car il les maltraiterait comme il maltraite presque tous les oiseaux de basse-cour.

Le paon mâle n'atteint son entier développement qu'à l'âge de trois ans, la femelle un an plus tôt.

Quand la femelle a couvé, elle emmène ses petits et veut les faire coucher dehors, même sur les arbres ou les toits. Comme ils sont trop

8

faibles pour voler, ils montent sur son dos, et elle les enlève pour les porter où elle veut les loger. Il faut l'aider, car elle pourrait en laisser par terre, et ils périraient. Au bout de quelques jours il n'est plus besoin de s'en occuper. L'humeur sauvage de ces oiseaux leur fait chercher leur nourriture au dehors, comme s'ils n'étaient pas à l'état de domesticité. Cependant ils reviennent à la basse-cour, et on parvient à les apprivoiser; mais ils sont souvent si méchants qu'il n'y a pas moyen de les garder. J'ai vu chez M. Leroy, célèbre pépiniériste à Angers, un paon qui était si bien apprivoisé, qu'il venait sans cesse dans la maison et n'en quittait pas les environs ; mais il était si méchant pour les enfants et les chiens, qu'il a causé plusieurs accidents graves et qu'il a fallu le tuer. Il poursuivait à outrance certains enfants qui lui déplaisaient, il leur sautait au visage et leur faisait de terribles égratignures.

Le paon est d'humeur querelleuse ; il vit mal avec ses compagnons de basse-cour, surtout avec les dindons. Il se plaît à les attaquer, et à les ameuter contre lui ; il s'accule alors dans un coin et leur tient longtemps tête ; puis, quand il se voit sur le point de succomber sous le nombre, il s'envole et va se percher hors de leur portée en ayant l'air de les braver et de les railler.

CHAPITRE VI

LE CYGNE

1. — Cygne blanc.

On s'occupe peu en France aujourd'hui de l'élevage du cygne, qui pourrait cependant offrir quelques produits à l'économie domestique, et qui est le plus bel ornement d'une pièce d'eau. Les cygnes, plus que les oiseaux aquatiques qu'on a réduits à l'état de domesticité, ont un besoin impérieux d'eau. Lorsqu'on a des bassins ou des pièces d'eau (car il serait inutile d'entretenir des cygnes sur une rivière, ils suivraient son cours et s'enfuiraient), il faut bâtir pour chaque couple, sur les bords, une petite cabane en bois élevée sur des pieds, afin qu'elle ne pourrisse pas trop vite. Elle doit avoir une porte en arrière et une ouverture en avant, à laquelle on adapte une planche en pente garnie de petites traverses en bois qui forment des marches qui conduisent à l'eau : c'est là que le mâle et la femelle se livrent à leurs ébats et aux soins qu'exigent leurs petits. La porte de derrière permet de s'introduire dans la cabane pour la nettoyer et visiter les couvées. La ponte commence en février ; la femelle pond de deux jours l'un, de cinq à huit œufs gros comme le poing, blancs et bons à manger. Pour l'engager à pondre dans la cabane plutôt que dans l'herbe et les broussailles du bord de l'eau, il faut y placer de la nourriture et de la paille.

Pendant l'incubation, qui dure trente jours, il faut avoir soin de tenir la cabane dans un état parfait de propreté, et placer à la portée de la couveuse une terrine pleine d'eau dans laquelle on met quelques poignées d'avoine ; il faut aussi lui donner de la salade ou d'autres herbages, et même du grain. Le mâle la quitte fort peu, et semble se tenir auprès d'elle pour la défendre. Il est même dangereux, dans ce cas, pour les personnes qu'il ne connaît pas et qui tenteraient de troubler sa couvée ; il a une force extraordinaire dans le bec et dans les ailes.

Lorsque les petits sont éclos, on les nourrit avec de l'orge moulue, des croûtes de pain trempées, même dans du lait, et il est bien de mêler de temps en temps à cette pâtée un peu de viande hachée et de salade coupée menu. Ils vont à l'eau aussitôt qu'ils sont nés, et ont par conséquent besoin d'en être très-près pour pouvoir aller y jouer et s'y laver : le père et la mère en prennent un soin extrême. On remarque que, quand ils sont à l'eau, la mère nage à leur tête, et le père se tient derrière. Ils sont d'abord couverts d'un duvet gris, et ensuite de plumes grises, mais d'une nuance un peu plus claire que celles du duvet ; ce n'est qu'à deux ans qu'ils prennent leur admirable robe blanche ; ce n'est aussi qu'à cet âge qu'ils ressentent pour la première fois le besoin de s'apparier ; enfin c'est encore à cette époque qu'ils sont bons à être mangés.

On nourrit les cygnes avec toute espèce de grains, du pain, des herbes hachées grossièrement, des tripailles, des déchets de viande ; L'avoine est le grain qu'ils préfèrent. Ils paissent l'herbe qui croît sur le bord des eaux qu'ils habitent, et se nourrissent aussi de poissons, de grenouilles et des insectes d'eau. Pendant l'hiver, les cygnes ont besoin d'une plus grande abondance de nourriture que pendant l'été, parce qu'ils sont alors privés des ressources que leur offrent la végétation et les insectes.

Les jeunes cygnes sont chassés par leurs parents à l'entrée de l'hiver ; ils restent ensemble jusqu'à ce qu'ils ressentent le besoin de s'apparier. Cette époque est marquée par de terribles combats que se livrent les mâles pour la possession des femelles ; mais, une fois les couples formés, ils sont constants. Pour éviter ces combats, il ne faut laisser qu'un nombre égal de mâles et de femelles, et se défaire immédiatement du reste. Les femelles sont toujours plus petites que les mâles; elles ont le cou plus fin et plus élégant et le tubercule du bec moins gros.

Le cygne vit très-longtemps. La chair des jeunes cygnes est tendre et de bon goût, celle des vieux cygnes est dure et coriace ; mais le meilleur produit de ces oiseaux, c'est leur plume et leur duvet. On les plume vers la fin de mai et au commencement de septembre ; il ne faut plumer les couveuses qu'après la couvée, et les mâles qu'après la pariade. Le duvet du cygne est recherché presque autant que celui de l'édredon.

Il faut casser et tordre le fouet de l'aile des jeunes cygnes, parce que, sans cette précaution, lorsqu'ils seraient en état de voler, s'il passait des cygnes ou des oies sauvages, ils iraient les joindre pour ne plus revenir.

Nous convenons sans peine qu'il est plus avantageux d'élever des oies que des cygnes ; elles sont plus fécondes, se développent plus vite et coûtent moins à nourrir ; de plus, on n'est pas obligé, comme pour les cygnes, d'entretenir un nombre égal de mâles et de femelles, et enfin de leur consacrer une grande pièce d'eau ; mais, malgré ces inconvénients, je pense qu'on pourrait élever des cygnes avec un certain avantage si on était placé dans une localité très-convenable à leur élevage, et dans des conditions favorables qui permissent d'envoyer les jeunes cygnes aux marchands de comestibles de Paris ou d'une très-grande ville, ou de les vendre comme bêtes d'ornement, car ces oiseaux sont le plus bel ornement d'une pièce d'eau.

2. — Cygne noir.

Le cygne noir de la Nouvelle-Hollande est un magnifique oiseau qui, bientôt, nous l'espérons, viendra se placer à côté de notre cygne blanc, sur les bassins et les rivières de nos parcs et de nos grands jardins. Il s'est reproduit dans ces dernières années aux environs de Caen chez le docteur Leprêtre, à Ferrière (Seine-et-Marne), chez M. de Rothschild, et à Rambouillet chez M. Ruffier ; on peut donc le regarder comme acclimaté en France.

CHAPITRE VII

E HOCCO

Le hocco (fig. 24) peut non-seulement vivre, mais se reproduire dans nos climats. On en élève en Angleterre, en Hollande et en

Fig. 24. — Hocco.

France. Aux environs de Marseille, M. Barthélemy Laponneraye possède un troupeau assez considérable de hoccos. M. Pomme et plus tard M. Dissen ont essayé d'en élever aux environs de Paris, mais ils n'ont pu y réussir.

CHAPITRE VIII

L'AGAMI

Les services que peut nous rendre l'agami (fig. 25) ont été depuis

Fig. 25. — Agami.

longtemps signalés. Selon Daubenton et Bernardin de Saint-Pierre, cet oiseau a l'instinct et la fidélité du chien : il conduit un troupeau de volailles, et même un troupeau de moutons, dont il se fait obéir, quoiqu'il ne soit pas plus gros qu'une poule. Il n'est pas moins utile dans la basse-cour que dans les champs : il y maintient l'ordre, protége les faibles contre les forts, se fait volontiers, vis-à-vis des poussins et des jeunes canards, le dispensateur d'une nourriture qu'il sait défendre contre tous, et à laquelle lui-même se garde bien de toucher.

Nul animal, peut-être, n'est plus facile à apprivoiser, plus naturellement affectueux pour l'homme. Mais on n'a jamais obtenu, sous notre climat trop froid, la reproduction de cette précieuse espèce. Espérons que des essais dans le midi de la France seront plus heureux.

M. Isidore Geoffroy Saint-Hilaire, à qui j'emprunte ces détails si curieux, ajoute :

« Non-seulement j'ai souvent constaté ces faits par moi-même, mais j'en ai plusieurs fois rendu témoins tous les auditeurs de mes cours dans les visites de la ménagerie, par lesquelles je termine chaque année mon enseignement au Muséum. »

CHAPITRE IX

LE MARAIL

Le marail (fig. 26) avait été élevé avec succès en Hollande vers la fin du dix-huitième siècle, chez un armateur des environs d'Amsterdam, M. Ameshoff; il produisait chez lui en aussi grande abondance que nos volailles de basse-cour, je ne sais quel accident a fait disparaître de la Hollande les marails déjà acclimatés ; mais aux environs de Paris, M. Pomme, possède des marails qui pondent tous les quinze jours trois ou quatre œufs, et il n'est pas douteux que des soins soutenus ne puissent ajouter encore à cette fécondité. Ces oiseaux peuvent être aussi utiles par leurs œufs que par leur chair. Celle des jeunes est très-blanche et du goût le plus exquis.

Fig. 26 — Marail.

CHAPITRE X

LE GOURA

Le goura (fig. 27), originaire de l'Inde, est remarquable par la délicatesse de sa chair; mais ce magnifique oiseau sera toujours plus recherché pour l'ornement de nos demeures. Je ne crois pas qu'on en élève en France; mais on le rencontre dans quelques basses-cours de l'Angleterre, où il a couvé et produit.

Fig. 27. — Goura.

SIXIÈME PARTIE

LE PIGEON

Les pigeons sont presque universellement répandus, et partout l'objet des soins des hommes, soit pour les bénéfices que leur entretien présente, soit pour l'amusement que procure l'élevage des belles espèces.

Peu d'oiseaux offrent autant de variétés sous le rapport de la taille, des couleurs, des mœurs et des habitudes; aussi voit-on des gens de toutes les conditions s'occuper à les élever : c'est même pour quelques-uns, en Hollande et en Belgique, une passion poussée à un tel point, qu'elle a pu parfois contribuer à la ruine d'une famille. On voit payer une paire de pigeons rares 200 à 300 francs. Mais laissons à chacun ses folies, et nous, qui voulons présenter ici un traité d'économie domestique, bornons-nous à considérer l'élevage des pigeons sous son rapport utile, en faisant connaître les soins qu'exigent ces intéressants oiseaux.

J'engage ceux qui voudraient étendre plus loin leur instruction sur ce sujet à se procurer un excellent ouvrage spécial, orné de bonnes gravures, et publié par MM. Boitard et Corbié, sous le titre de : *Pigeons de volière ou de colombier, ou Histoire naturelle et Monographie des pigeons domestiques*.

Le pigeon biset est regardé comme le type des diverses espèces que nous avons obtenues par la domesticité. Je n'entreprendrai pas la description de toutes les races qui en sont dérivées; cette description, longue et difficile, m'obligerait à sortir des limites que j'ai dû fixer à un ouvrage pratique. Je me bornerai à traiter des deux genres d'éducation que l'on a adoptés pour les deux espèces classées sous le nom générique de *pigeons bisets*, *communs* ou *fuyards*, et de *pigeons domestiques*, *mignons* ou *de volière*, je citerai seulement le nom des variétés les plus productives.

CHAPITRE I

LE PIGEON DE COLOMBIER

1. — Des variétés de pigeons de colombier.

Le pigeon *fuyard* ou *biset* est celui dont on peuple ordinairement les colombiers. On pourrait cependant y placer avec avantage des variétés appelées *volant* et *culbutant*, qui font plus de pontes que le fuyard et ne demandent pas plus de soins ; de plus, les volants sont tellement attachés à leur colombier, qu'il est presque impossible de le leur faire abandonner, tandis qu'il arrive souvent que les fuyards quittent leur habitation pour n'y jamais revenir. Cet amour de leur habitation est tel chez les pigeons volants, qu'il offre une difficulté réelle pour en peupler un nouveau colombier. Il faut les y apporter assez jeunes pour qu'ils ne puissent pas le quitter, et les y tenir renfermés jusqu'à ce qu'ils aient une ponte. C'est cette variété de pigeons qui est employée pour porter des messages. Les pigeons volants et culbutants évitent mieux que le pigeon biset les attaques de l'oiseau de proie.

Le biset est d'une petite taille, d'une couleur cendrée, bariolé de noir sur les ailes, avec les pattes noirâtres ou d'un rouge terne, l'iris noir et le bec noir ou plombé, mais sans fèves blanches. Il vit huit ans, et cesse d'être fécond après quatre ou cinq ans. Il ne fait que deux ou trois pontes par an dans le Nord, mais presque toujours quatre dans le midi de la France. On donne à ces couvées le nom de volées

Les pigeons fuyards ne sont jamais aussi gros que les pigeons de volière ou domestiques, et ils couvent moins souvent; mais aussi ils coûtent peu à nourrir, car ils vivent la plupart du temps de toutes les espèces de graines et même d'insectes qu'ils trouvent dans les champs et sur les terrains incultes. Aussi font-ils de grands ravages dans les récoltes, surtout dans la culture moderne, où l'on sème en toute saison, pour ainsi dire, une grande variété de graines de fourrages dont les pigeons sont très-friands ; leur avidité et leur effronterie sont telles, qu'ils suivent les semeurs et attaquent leurs semailles sans qu'il soit possible de les en empêcher. Ils ne bornent pas là leurs ravages : lorsque les semences lèvent, ils coupent le germe et fouillent dans la terre avec leur bec pour y chercher la semence, qu'ils ne réussissent pas toujours à trouver. Mais le mal qu'ils lui ont fait est irréparable; elle est perdue. Aussi la loi donne-t-elle le droit de tirer sur les volées de pigeons, tout en n'autorisant pas à les ramasser lorsqu'ils tombent morts ou blessés.

Les pigeons bisets sont, de tous les pigeons, ceux qui s'engraissent avec la plus grande facilité. Lorsqu'on ne trouve pas que la graisse qu'ils prennent par la nourriture que leur donnent leurs parents soit suffisante, on les engraisse artificiellement. J'indiquerai plus loin les moyens à employer. On a remarqué qu'en nourrissant les pigeons fuyards avec le même soin que les pigeons de volière, on augmentait singulièrement leurs pontes, et qu'ils prenaient des habitudes de domesticité qui ne leur sont pas ordinaires. Mais, comme leur race est petite, il n'y a pas avantage à en peupler les volières. Il est cependant indispensable de leur donner de la nourriture au colombier dans les saisons où ils ne peuvent pas trouver à se nourrir suffisamment dans les champs, c'est-à-dire pendant les froids rigoureux et les temps de neige, et au printemps jusqu'au moment où les plantes commencent à grainer.

Le pigeon *volant* est petit, il a un léger filet rouge autour des yeux, l'iris blanchâtre, les pieds nus et le plumage varié de couleurs sans régularité; il n'a pas de tubercules sur les narines. C'est, de toutes les races, la plus féconde.

Les pigeons *culbutants* sont très-petits, leur vol est irrégulier, rapide et très-haut, leurs mouvements sont précipités. Rien n'est curieux comme de leur voir prendre leur essor à tire-d'aile; une flèche n'est pas plus rapide d'abord, mais tout à coup ils se mettent à culbuter cinq ou six fois de suite, absolument comme des danseurs de corde. Cette faculté de culbuter leur fait quelquefois éviter l'oiseau de proie; d'autres fois, au contraire, elle les empêche de l'apercevoir, et ils deviennent sa victime. Ils ont l'œil perlé, sablé de rouge et entouré d'un filet rouge assez large, les pieds nus et le plumage varié. Ils sont très-féconds.

Ces trois variétés de pigeons mises en colombier sont à demi domestiques; outre la nourriture qu'il faut leur donner en certaines circonstances, comme je viens de le dire, ils n'ont besoin, pour élever leurs petits, que d'un logement commode. Nous allons en indiquer la disposition. Mais je dois dire que, lorsque nous serons assez heureux pour avoir un code rural, il est présumable que les pigeonniers peuplés de fuyards seront interdits, ou au moins réduits en proportion de la quantité de terre posssédée par le propriétaire du colombier.

2. — Colombier.

a. — Construction et dispositions intérieures.

Le colombier ou *fuie* est un bâtiment de forme ronde ou carrée; on en fait dont la maçonnerie commence aux fondations, on les nomme colombiers à pied; d'autres sont soutenus par des piliers au-dessus desquels commence la maçonnerie; on en construit aussi sur des bâtiments élevés pour d'autres usages. Le colombier doit être placé sur un terrain sec et élevé, et doit dominer tout ce qui l'entoure.

Les opinions varient sur les avantages et les inconvénients de sa proximité ou de son éloignement de la basse-cour. Les uns veulent qu'il en soit fort éloigné, parce que les pigeons aiment beaucoup la tranquillité; les autres, qu'il en soit rapproché, afin de placer les pigeons plus à portée des soins qu'ils réclament. Je pense qu'il faut le placer près du lieu d'habitation, mais dans un endroit peu fréquenté.

La forme ronde me paraît préférable sous plusieurs rapports : elle rend la visite des nids plus facile; elle est convenable aussi à la disposition des boulins ou nids, en permettant de rétrécir l'entrée de chaque nid, ce qui est favorable au pigeon qui couve, obligé souvent de se défendre contre ceux qui veulent s'emparer de son nid; à l'extérieur, cette forme rend l'accès du colombier plus difficile aux rats, qui parviennent quelquefois à grimper par les angles des bâtiments carrés.

Au surplus, quelle que soit la forme extérieure du colombier, il doit régner à l'entour, au-dessous de la porte d'entrée, si elle est au premier étage, au-dessus d'elle si elle est au niveau du sol, une corniche de $0^m,25$ de saillie (A fig. 28). Cette corniche a d'abord l'avantage de s'opposer à l'invasion des animaux grimpeurs, qui ne peuvent se soutenir dans une position renversée; de plus, elle offre aux pigeons une espèce de galerie sur laquelle, avant d'entrer dans le colombier, ils s'abattent, se promènent et se réchauffent au soleil.

Les murs, en dehors, doivent être crépis avec soin, fort unis et blanchis à la chaux, parce que, outre que cette couleur semble plaire aux pigeons, elle permet aux jeunes couples qui sortent pour la première fois de distinguer de loin le colombier.

Il faut que la porte par laquelle on entre dans le colombier ne soit pas au niveau du sol. Il est même à désirer que les pigeons ne soient jamais logés au rez-de-chaussée, et que le plancher du colombier soit établi à environ $2^m,50$ au-dessus du sol, de telle sorte que les boulins ne soient placés que dans un endroit très-sec. La fenêtre par laquelle s'introduisent les pigeons doit être placée au moins à 4 ou 5 mètres de hauteur, et avoir $0^m,50$ à $0^m,70$ de haut sur une largeur convenable; elle doit être exposée au midi dans les départements du nord de la France, et au levant dans le Midi. On scelle à son niveau une planche de $0^m,60$ de saillie pour servir de promontoire aux habitants du colombier, et on la garnit d'une trappe fermant exactement à coulisse au moyen d'une poulie et d'une corde afin de pouvoir la fermer et l'ouvrir soir et matin. Nous ne sommes point d'avis, comme certaines personnes, de laisser cette porte toujours ouverte. On expose ainsi le colombier à des dégâts considérables de la part des oiseaux de nuit; mais aussi il faut avoir le soin de l'ouvrir tous les jours de très-grand matin, car c'est à cette heure surtout que les pigeons vont à la provision. Un oubli pourrait être fatal aux pigeonneaux qui attendent leur repas; c'est ce qui détermine souvent à laisser la porte ouverte.

Comme il serait difficile de mouvoir une porte de la dimension de la fenêtre que j'indique, on la garnit d'une grille de fil de fer à petites mailles et solide, ou d'un tissu de grosse et forte toile métallique, et on place au milieu deux montants qui servent de coulisses pour la petite porte, qui doit cependant avoir $0^m,35$ à $0^m,40$ de largeur et autant de hauteur. Il faut que plusieurs pigeons puissent entrer et sortir à la fois, parce que souvent un mâle méchant suffit pour intercepter le passage quand la porte est étroite; je préfère même deux entrées peu distantes l'une de l'autre. Outre ces fenêtres d'entrée, il est nécessaire d'en faire deux autres, une au levant, l'autre au couchant; on les garnit d'une grille de fil de fer comme les autres, et, de plus, d'un petit volet en bois blanc qu'on ferme dans les mauvais temps, en général au moyen d'une coulisse et d'une poulie.

Le toit doit être assez en pente pour que les eaux pluviales s'écoulent rapidement et entraînent la fiente que les pigeons y déposent; cependant cette pente ne doit pas être telle que ces oiseaux ne puissent s'y promener. Par la même raison, la couverture en tuiles doit être préférée à la couverture en ardoises; mais les tuiles doivent être bien jointes et fixées solidement, pour qu'elles ne soient pas dérangées par le piétinement continuel des pigeons, qui s'y placent souvent en très-grand nombre. Il faut aussi se garder de laisser le moindre passage par lequel les moineaux puissent s'introduire, parce que ce sont de vrais assassins qui percent le jabot des jeunes pigeons pour voler la nourriture qu'il contient.

Les pigeons passent pour dégrader les bâtiments et les toitures, mais on a exagéré les dégâts qu'ils font. S'ils attaquent les murailles, c'est lorsqu'elles sont garnies de salpêtre, et il est vrai qu'alors ils les détruisent facilement; mais, si on a soin d'entretenir leur habitation et de leur fournir continuellement du sel, les dégâts seront sans importance.

L'intérieur du colombier doit être crépi avec autant de soin que l'extérieur; le plancher doit être carrelé et non planchéié, parce que les rats parviennent tôt ou tard à percer le bois le plus résistant. Le carrelage est d'ailleurs plus facile à nettoyer que les planches. Le carreau doit être joint et cimenté avec soin et pénétrer dans la maçonnerie des murs, pour présenter plus d'obstacles aux excavations des rats.

On jette un peu de paille sur le carreau du colombier, autant pour préserver les jeunes pigeons sortis du nid de devenir goutteux, ce qui leur arrive lorsqu'ils demeurent sur le carreau nu, que pour les empêcher de se blesser lorsqu'ils tombent par accident. Cette paille doit être fréquemment renouvelée.

Tout le pourtour du colombier est garni de boulins ou nids. Leur nombre doit être proportionné à celui des pigeons qu'on veut entretenir, c'est-à-dire qu'on compte ordinairement trois boulins pour deux paires de pigeons. On les construit de différentes manières; mais je crois qu'il faut rejeter les nids en osier ou en planches, à cause de la quantité d'insectes qui y pullulent bientôt. Les nids en brique ou en terre cuite *non vernissée* sont préférables; ils doivent avoir 0^{m},25 de hauteur sur la même largeur, et 0^{m},30 de profondeur. On ne commence à établir les nids qu'à 1^{m},20 environ du sol, parce que les rats, qui sont les ennemis les plus terribles des pigeons, ne peuvent s'élancer à cette hauteur. Pour placer les boulins, on fait une retraite dans l'épaisseur du mur, à partir de la hauteur que je viens d'indiquer, et c'est sur cette retraite, qui doit avoir la profondeur convenable, qu'on place les nids en terre cuite ou qu'on construit les nids en brique; on réserve une saillie qui dépasse le bord du nid de 0^{m},10 à 0^{m},15. On établit un second rang de boulins au-dessus du premier, en les plaçant en échiquier, et dans leur construction on ménage encore une saillie en avant, qui peut être construite en brique ou formée avec une planche de chêne; grâce à cette disposition, le nid inférieur est garanti des ordures du nid supérieur. De plus, cette saillie sert, comme la première, de promenoir aux jeunes pigeons qui commencent à se promener et à essayer leurs ailes dans le colombier. Cette considération est très-importante; elle évite la chute et la mort d'un grand nombre de pigeonneaux. C'est aussi là que le mâle se place pour veiller à ce que la femelle ne soit point troublée dans sa couvée.

Le dernier rang de boulins, en haut, doit être à $0^m,60$ du toit et surmonté d'une corniche qui, régnant tout autour du colombier, forme le dessus de ces boulins et sert aux ébats des pigeons lorsque le mauvais temps les empêche de sortir.

Il convient que les nids aient un petit rebord de $0^m,05$ à $0^m,06$, mais il faut qu'il soit mobile, sans quoi il rendrait presque impossible le nettoyage du nid, ce qui est cependant de première nécessité. Il peut être formé d'une petite planche contenue par deux boulons en fer, fixés dans la saillie à distance convenable du nid, de manière que la planche formant rebord se place entre les boulons et la construction du nid. Les pigeonneaux ne franchissent ce rebord, pour venir se promener sur la saillie, que lorsqu'ils sont assez forts pour le faire sans danger.

Pour placer les nids de terre cuite, ou pour construire les nids en brique, on emploie du plâtre, et on doit, pendant la construction, veiller avec le plus grand soin à ce que les ouvriers ne laissent pas le moindre vide entre les briques ou les nids; ces vides serviraient de refuge aux insectes.

Au lieu de faire une saillie continue au-dessus de chaque rang de boulins, on peut placer sous chaque pot ou sous chaque case de brique une petite planche de chêne qui ressort de $0^m,10$ à $0^m,15$, comme la saillie que nous avons indiquée, et qui en tient lieu. Si les nids sont en brique, cette planche peut en former le fond. Dans ce genre de construction, on peut faire à la planche servant de fond une rainure pour placer le rebord ou y placer les deux boulons dont j'ai parlé. On doit souvent visiter les boulins, et, s'il s'y fait quelques dégradations, il faut les réparer à l'instant, car ils serviraient de refuge aux insectes, qui y pulluleraient.

Si le colombier est rond, il en résulte que les nids sont un peu plus larges au fond qu'à l'entrée, ce qui est encore très-convenable, parce que la mère, en se mettant à l'entrée de son nid, défend plus facilement sa chère couvée lorsqu'on veut l'attaquer, ce qui est très-fréquent.

Les pigeons sont loin d'avoir les mœurs douces et pures qu'on leur attribue. Ils paraissent doux et timides avec nous, parce qu'ils sont à peu près dénués de défense; mais entre eux ils sont querelleurs et méchants.

b. — Ustensiles.

Une échelle *tournante* est extrêmement commode pour faciliter la visite et le nettoiement des nids, ainsi que l'enlèvement des pigeonneaux bons à être mangés; elle permet de faire cette visite sans bruit et sans le mouvement qu'occasionne le transport d'une échelle ordinaire.

Pour l'établir, on prend avec exactitude le point central du colombier, et on y fait placer une pierre dure, solidement scellée (B fig. 28), dans laquelle on pratique un trou assez grand, destiné à recevoir une crapaudine. Si l'on n'a pas disposé d'avance dans la charpente une poutre qui puisse recevoir le pivot supérieur, il faut en placer une assez forte pour le supporter convenablement. On fixe cette poutre à la charpente et aux murs par de forts liens en fer, car l'échelle doit être placée avec une solidité qui délivre de toute inquiétude.

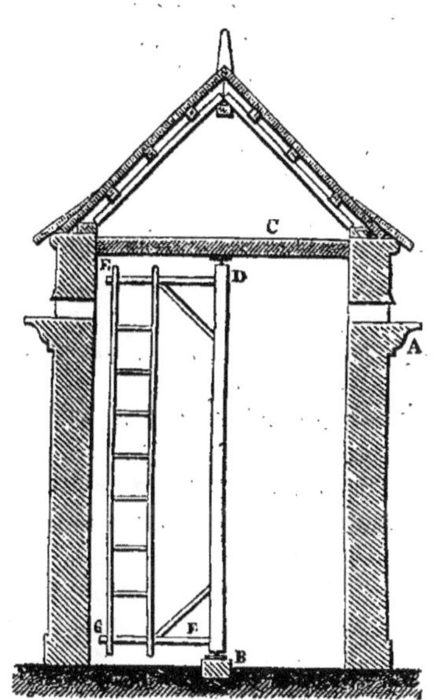

Fig. 28.—Échelle tournante du colombier.

Au moyen de la pierre et de la poutre, on place parfaitement d'aplomb le montant B D destiné à porter l'échelle; il doit être muni à chaque bout d'un fort pivot en fer, sur lequel il puisse tourner. A la partie supérieure et à la partie inférieure de ce montant ou arbre *vertical*, on fixera solidement deux pièces de bois *horizontales* D E, F G, destinées à recevoir l'échelle E G. Celle-ci doit être placée à la distance convenable pour qu'étant monté dessus, on puisse visiter les nids avec commodité et faire tourner l'échelle sans descendre. Pour cela, il faut que le montant extérieur de l'échelle arrive à $0^m,18$ ou $0^m,20$ de distance des boulins.

L'abreuvoir des pigeons s'appelle *pompe;* il doit être en terre cuite vernissé en dedans et de dimensions proportionnées au nombre d'habitants du colombier. Il est même convenable d'avoir plus d'une pompe. Il est inutile de la décrire, puisqu'on l'achète toute faite chez les marchands de faïence. Elle est fort simple et doit être tenue avec la plus grande propreté. Dans les temps de fortes gelées, il faut la vider, sans quoi l'eau, en se congelant, la ferait casser. On a alors recours à un autre moyen pour abreuver les pigeons. On place deux fois par jour, au dehors, si les pigeons ont l'habitude de descendre à terre près de leur colombier ; au dedans, s'il en est autrement, de grands plats de terre peu creux, qu'on remplit d'eau. Sans cette précaution, les pigeons souffriraient beaucoup de la soif. La pompe n'est nécessaire que si les pigeons n'ont pas de moyens de s'abreuver au dehors, dans un cours d'eau ou une mare qui ne soient pas éloignés.

La *trémie* ou mangeoire est en bois et sert à donner à manger. Sa construction est simple, analogue à celle de la pompe ; il est également inutile de la décrire : elle est très-connue. On peut employer la trémie anglaise, dont on trouvera la figure et la description à l'article *Trémie*, page 31. Elle doit être tenue avec la même propreté que la pompe. Quelquefois il semble qu'elle est encore garnie de grains, bien qu'elle en soit dépourvue. C'est que les grains qu'on y voit sont rebutés par les pigeons à cause de leur mauvaise qualité. Il est donc bon de s'en assurer, afin de les jeter pour en mettre de nouveaux.

L'*épuisette* sert à prendre les pigeons dans le colombier. Elle est composée d'un cerceau en fil de fer assez fort, ayant 0m,50 de diamètre, et muni d'un manche de bois d'environ 2 mètres de long ; ce cercle est garni d'une poche profonde faite en filet solide. Elle sert à prendre surtout les vieux pigeons qu'on veut détruire ; par ce moyen on n'effarouche pas autant les habitants du colombier.

Les *grattoirs* sont composés d'une plaque de fer triangulaire, portant au milieu une douille et un petit manche ; ils servent à racler les nids pour les nettoyer. On peut en avoir un dont l'un des angles soit arrondi, pour gratter les cavités qui pourraient avoir cette forme.

Les *brosses* ou *balais*, destinés au même usage que les grattoirs, doivent être en chiendent ou en sorgho.

Enfin, il faut des balais rudes et des pelles pour enlever la *fiente* ou *colombine*, qui forme un engrais très-riche et fort recherché pour certaines cultures, et toujours d'un prix fort élevé.

c. — Soins à donner au colombier.

L'intérieur du colombier doit être blanchi à la chaux une fois par an. On choisit, pour cette opération, l'époque à laquelle il y a le moins de pigeons occupés à la couvée, c'est-à-dire la fin d'octobre ou le commencement de novembre, et un beau jour, afin que les pigeons puissent le passer dehors sans inconvénient. Avant de blanchir, on doit faire un nettoyage général et scrupuleux.

Il faut également faire jusqu'aux plus petites réparations, et surtout mettre un soin particulier à ne pas laisser la moindre fissure qui puisse servir de refuge aux insectes, au premier rang desquels il faut placer une sorte de punaises qui implantent leur tête dans la peau des pigeons et leur sucent le sang jusqu'à les faire mourir. Si on apercevait quelque interstice où ces ennemis se seraient logés sans qu'on pût les y atteindre, il faudrait y lancer de l'eau bouillante au moyen d'une seringue, avant de fermer l'ouverture, qu'ils parviendraient tôt ou tard à déboucher. On peut aussi employer plusieurs poudres insecticides qu'on souffle dans toutes les fentes au moyen d'un petit soufflet particulier que vendent les marchands de poudre; il faut prendre aussi un soin minutieux pour éviter l'introduction des belettes ou des rats dans le colombier, car ils y feraient un carnage terrible.

La colombine ou fiente des pigeons doit être enlevée au moins quatre fois par an, *et non pas amassée sur un seul point dans le colombier, comme on le fait souvent.* On choisit pour ce nettoyage le moment où les pigeons sont le moins occupés à la ponte. La première fois, à la fin de février ou au commencement de mars; la seconde fois, après la première volée, à la fin d'avril ou au commencement de mai; la troisième fois, après la seconde volée, à la fin d'août; enfin en novembre, au moment du nettoyage général.

Il ne faut pas placer la colombine à la portée des poules, parce qu'elles y chercheraient les grains qui peuvent s'y trouver, ce qui leur causerait de violents maux de gorge.

On doit également prendre quelques précautions en nettoyant le colombier, parce que l'introduction de la moindre parcelle de colombine dans l'œil y cause de cuisantes douleurs et peut même déterminer une inflammation.

Je sortirais du cadre de cet ouvrage si je parlais des qualités fertilisantes de la colombine; je dirai seulement que c'est un des engrais les plus puissants qui existent, et qu'on doit le recueillir avec beaucoup de soin.

Chaque fois qu'on trouve des pigeonneaux ou des pigeons morts dans le colombier, au lieu de les jeter à terre pour qu'ils pourrissent avec la colombine, il faut les enlever immédiatement et nettoyer leurs nids avec le plus grand soin.

Quand on déniche des pigeonneaux, il faut nettoyer leur nid avec un soin particulier; car, s'il s'y fait une seconde ponte sans qu'on ait pris ce soin, il se forme, dans la fiente qu'on a négligé d'enlever, une multitude de vers qui attaquent les pattes et le ventre des nouveaux venus.

On doit toujours entrer dans le colombier avec précaution et en faisant le moins de bruit possible. Les fuyards abandonnent assez facilement leur couvée, et même leur colombier, si on les y tourmente; il est même convenable de frapper à la porte avant de l'ouvrir, cela donne le temps aux pigeons qui sont par terre de gagner la partie supérieure du colombier, et ils ne sont pas brusquement surpris, ce qui les effraye beaucoup.

Il est à propos de placer, dans le colombier ou aux environs, un peu de paille, qui est nécessaire aux pigeons pour faire leurs nids.

Les pigeons ont un goût prononcé pour le sel et pour tout ce qui est salé : le sel est nécessaire à leur existence; il faut donc chercher les moyens de leur en procurer. Il serait imprudent de leur en donner à discrétion; ils en feraient une consommation considérable, et se rendraient malades.

Il y a plusieurs moyens de leur donner le sel de manière qu'ils n'en puissent manger qu'avec une certaine difficulté et sans en abuser.

D'abord on peut mettre aux environs du colombier des décombres fortement chargés de salpêtre; mais il serait imprudent de les mettre dans le colombier, parce qu'on courrait le risque de faire salpêtrer les murs.

Un excellent moyen est de pendre dans le colombier des merluches ou morues sèches, qui sont d'un prix peu élevé.

On place deux morues sèches dans le colombier, à un endroit où les pigeons puissent les atteindre; on les renouvelle lorsqu'elles sont entièrement mangées. Les pigeons n'en laissent absolument que les arêtes.

Quelques personnes font des espèces de tourteaux, composés de vesce, de cumin, de sel, et surtout de terre : ce moyen est mauvais; il cause de graves accidents dans le tube digestif des jeunes pigeons.

Il faut qu'on se pénètre bien de cette vérité, que les soins qu'on prend du colombier sont une des causes qui le font aimer aux pigeons. Si l'on veut avoir une fuie prospère, il ne faut donc pas les épargner; on en sera toujours bien récompensé.

Quelques personnes, convaincues que les pigeons aiment les bonnes odeurs, font des fumigations d'herbes aromatiques dans le colombier; je crois que c'est une erreur. On ne parvient ainsi qu'à masquer la mauvaise odeur causée par la malpropreté; il vaut infiniment mieux nettoyer le colombier. Ce que les pigeons aiment surtout, c'est un air pur, la propreté et une bonne aération. Ce sont les plus sûrs moyens de parfumer un colombier.

d. — Manière de peupler un colombier.

L'époque la plus favorable pour peupler un colombier est le printemps. Il y a deux procédés :

Le premier consiste à mettre dans le colombier de jeunes pigeons nés en mars, et qui ne mangent pas encore seuls. On les nourrit en leur ouvrant le bec et en y introduisant du grain et de l'eau, ou une pâtée assez claire, faite avec de la farine ; on ne les enferme pas. On peut mettre avec eux quelques petits poulets, qui, par leur exemple, leur apprennent à manger plus vite seuls. Lorsqu'ils commencent à voler, ils essayent leurs ailes dans le colombier, puis bientôt au dehors. On continue de leur donner la nourriture dans le colombier jusqu'au temps des amours, ou, ce qui vaut mieux, jusqu'à ce qu'ils aient des œufs ; alors on la leur donne alternativement au dedans et au dehors du colombier, puis au dehors seulement : et dès qu'ils couvent, il n'y a plus à craindre qu'ils quittent leur habitation.

Le second procédé consiste à mettre en mai, dans le colombier, de jeunes pigeons de l'année précédente, et à les tenir enfermés en les nourrissant dans le colombier jusqu'à ce qu'ils aient des œufs. On choisit alors un jour nébuleux pour leur ouvrir la porte, et pendant quelque temps on dépose tous les soirs, avant le coucher du soleil, du chènevis et du sarrasin dans le colombier. Lorsqu'ils ont des petits, on peut cesser de prendre ce soin ; mais il est encore prudent de jeter de temps en temps un peu de nourriture autour du colombier.

Dans ces deux cas, il ne faut cesser de donner à manger aux pigeons que lorsqu'ils peuvent trouver facilement une nourriture abondante dans les champs, comme lorsque la maturité des grains est arrivée.

On préfère, en général, pour peupler les colombiers, les pigeons dont le plumage est d'une couleur foncée, non parce que les pigeons blancs sont moins productifs, mais parce qu'ils sont plus remarqués par l'oiseau de proie et souvent dévorés. Il est donc utile, lorsqu'on choisit les jeunes pigeons qu'on veut conserver pour augmenter ou renouveler la fuie, de rejeter ceux qui sont marqués de blanc. Il ne faut conserver aussi que ceux qui sont nés en mars ou avril, parce qu'ils ont le temps de devenir forts et vigoureux avant l'hiver, tandis que ceux qui sont nés en septembre, époque à laquelle les pigeons reprennent une seconde ponte, n'ont pas le temps de devenir parfaits avant les rigueurs de l'hiver.

On ne peut pas déterminer le temps nécessaire pour peupler une fuie; il dépend du nombre de jeunes pigeons qu'on y a mis, et de la quantité qu'on veut en avoir.

Les pigeons fuyards paraissent cesser d'être féconds après quatre ou cinq ans; mais il est bien difficile de les connaître pour les détruire, afin de laisser la place aux jeunes. On est donc obligé de garder souvent un assez grand nombre de pigeons inutiles dans un colombier, car leur vie s'étend bien au delà de leur fécondité. C'est encore un inconvénient à ajouter à ceux que j'ai déjà signalés chez les pigeons fuyards; et, bien que je mette un soin particulier à décrire tout ce qui les concerne, je n'en conserve pas moins l'espérance qu'on renoncera à entretenir ces *ravageurs*, qui coûtent trois ou quatre fois au public ce qu'ils rapportent à leur maître.

3. — Soins à donner aux pigeons.

a. — Nourriture.

Les pigeons se nourrissent de toutes sortes de grains, on peut mettre ces grains dans la trémie du colombier dont j'ai parlé; ou les distribuer aux pigeons chaque jour une ou deux fois. Cette dernière manière est plus économique, mais elle ne convient pas aussi bien aux jeunes pigeonneaux, car ils ont besoin de manger plus d'une ou deux fois par jour.

Pour appeler les pigeons, on siffle ou on fait un cri quelconque, auquel ils s'habituent, comme : *glou! glou!*... Si on les appelle à des heures régulières, on est plus sûr d'avoir toute la chambrée; mais alors il arrive souvent que les habitants des colombiers voisins se rendent aussi à l'appel, et on a le plaisir de nourrir des étrangers. Il est donc préférable de distribuer deux et même trois fois la nourriture à des heures irrégulières, parce que si quelques pigeons du colombier n'assistent pas à un repas, les voisins ne peuvent deviner l'heure de la distribution. On doit choisir pour la leur faire une place unie, dégarnie d'herbe, et éloignée du fumier et des poules.

De temps en temps on visite la trémie pour s'assurer qu'elle est encore munie de grains. Pour que la consommation ne soit pas trop considérable, il vaut mieux n'y mettre chaque jour que ce qu'on veut donner aux pigeons. Il y a un autre avantage à cette distribution journalière, c'est que les pigeons s'habituent à la présence d'hôtes dans leur colombier, et qu'ils ne s'effarouchent pas autant quand on va dénicher les petits ou nettoyer le colombier. Il ne faut pas leur donner une nourriture trop abondante, parce que cela les rend paresseux, et qu'ils ne quittent alors le colombier que pour se promener. Ils deviendraient ainsi des pigeons de volière, ce qui serait fort coûteux.

On peut donner aux pigeons de la vesce, de l'orge, des lentilles, des pois, des féveroles, du maïs, du chènevis, du sarrasin, du seigle, et toutes les criblures de grains. Ils sont très-avides de pepins de raisin, et il est facile de leur en préparer dans les pays vignobles. Il suffit de faire sécher le marc après qu'il a été pressé; pour cela, on peut l'exposer au soleil, sous un hangar, ou même au four, immédiatement après qu'on en a retiré le pain. On bat le marc avec des fléaux et on le crible, puis on le vente. Les graines se séparent assez pour qu'on puisse ensuite les donner aux pigeons. Ils aiment l'avoine, mais elle ne convient pas quand il y a de jeunes pigeonneaux, parce que si les mères la leur donnent sans en avoir commencé la décomposition, il arrive quelquefois que l'avoine leur perce le jabot, ce qui entraîne la mort.

La vesce et les lentilles sont la nourriture qui paraît leur convenir le mieux; toutefois il ne faut pas les leur donner trop nouvelles, elles déterminent le dévoiement.

Les pigeons mangent très-bien les pommes de terre bouillies et écrasées; il ne faut pas en faire leur nourriture exclusive, mais on peut leur en donner une fois par jour.

b. — Ponte et incubation.

Les pigeons fuyards font deux ou trois pontes par an dans le nord et le centre de la France; ils en font une de plus dans le Midi. Leur état demi-sauvage ne permet de donner aucun soin, d'exercer aucune surveillance sur les couvées. La ponte est en général de deux œufs blancs, qui produisent ordinairement un mâle et une femelle; mais cette loi n'est pas invariable. Si on s'apercevait qu'un couple n'a eu plusieurs fois de suite qu'un seul œuf, il faudrait détruire ce couple.

La ponte se fait ordinairement en deux jours. La femelle garde le nid un ou deux jours avant la ponte; elle ne garde le nid assidûment qu'après la ponte du second œuf, et l'on a remarqué que le second œuf n'est fécondé qu'autant qu'il y a eu accouplement après la ponte du premier.

L'incubation dure de quinze à dix-sept jours, suivant la température. La femelle couve environ depuis quatre heures du soir jusqu'à dix ou onze heures du matin, le mâle vient alors la remplacer, et elle va chercher sa nourriture dans les champs. Lorsqu'elle tarde trop à revenir, le mâle va la chercher et semble l'inviter à reprendre sa place; si elle s'y refuse, il l'y contraint à coups de bec et à coups d'aile La femelle se conduit de même à son égard lorsque c'est à son tour de couver. Bel exemple d'égalité matrimoniale, qui devrait servir de leçon à l'espèce humaine.

Aussitôt que les petits sont éclos, le père et la mère en prennent un soin égal, et leur dégorgent les aliments qu'ils ont à demi digérés dans leur jabot.

Lorsque les pigeonneaux sont couverts de plumes et qu'ils commencent à venir sur le bord du nid, mais qu'ils ne peuvent pas encore voler, il faut les prendre ; ils sont bons à être mangés. Ce moment arrive pour les pigeonneaux lorsqu'ils ont trois semaines ou un mois, selon le temps et l'abondance de la nourriture qui leur a été donnée ; mais si l'on veut les engraisser, comme je l'indiquerai plus loin, il faut les dénicher un peu plus tôt.

CHAPITRE II

PIGEONS DE VOLIÈRE

---

1. — Des variétés de pigeons de volière.

Les pigeons de volière (fig. 29) ne sont pas autre chose que des pigeons fuyards, perfectionnés par l'homme. Il y a de nombreuses variétés plus ou moins grosses, plus ou moins belles et plus ou moins productives. Je ne les décrirai pas et me bornerai à parler de ce qui est utile, au lieu de développer la partie amusante de l'élève des pigeons. Il n'est pas indifférent cepedannt de peupler d'une espèce quelconque de pigeons une volière dont on espère un produit. Je vais nommer les espèces que je crois préférables pour ce but. En général, les espèces les plus productives sont tout aussi jolies, et souvent même plus jolies que certaines autres qu'on élève par curiosité plutôt que pour leur beauté. Le *rare* en pigeon, comme en bien autre chose, est souvent le seul mérite qu'on recherche. Cependant, comme il n'en coûte pas plus d'avoir de jolis pigeons que d'en avoir de laids, il faut choisir d'abord, pour peupler la volière, des couples de belle espèce, et ne conserver parmi les pigeonneaux destinés à peupler, que ceux qui seront remarquables par leur développement et la belle symétrie de leurs couleurs; les autres seront condamnés à mort. En faisant toujours un choix judicieux, on aura toujours de beaux élèves. C'est ainsi qu'on améliore toutes les races d'animaux domestiques; et quand on joint à ce soin une nourriture saine, bien appropriée et abondante, et un logement salubre, on est sûr d'y parvenir vite.

Fig. 29. — Pigeon de volière.

Le *pigeon mondain*, qui est une race composée de toutes les autres races, est sans contredit l'espèce la plus convenable à une volière de produit. Son plumage n'a point de couleur régulière, ni par la forme, ni par la nuance; il est gros, facile à nourrir, vigoureux et très-fécond. Lorsqu'on en a peuplé une volière, il est inutile de chercher à conserver une autre race pure, car la fidélité des pigeons est passée en proverbe fort à tort; peut-être cette fidélité, d'un an tout au plus, existe-t-elle chez le pigeon sauvage, mais à l'état de domesticité il en est tout autrement. Je ne sais si c'est à leur état de civilisation qu'ils doivent cette dépravation, mais l'on voit sans cesse des mâles caresser des femelles qui ne sont pas celles avec lesquelles ils couvent ou couveront, et les femelles recevoir leurs caresses de très-bonne grâce, ce qui est très-vilain; et c'est sans doute pour cela qu'on mange les pigeons. Ils sont loin, on le voit, d'être des modèles de la tendresse et de l'amour; mais leur vie entière, en toute saison, y est consacrée, et c'est à juste titre qu'on en a fait l'oiseau de Vénus. Cependant on peut avoir, outre des pigeons mondains, quelques autres espèces productives, et on ne devra conserver leur progéniture qu'autant qu'elle sera *pure*, ce qui peut arriver. Dans ce cas, j'engagerai à choisir les *patus*, belle race très-productive; le pigeon *tambour glouglou* est aussi une des races les plus fécondes, et il est fort joli, mais moins gros que les précédents.

Le pigeon *romain* est aussi très-beau et très-productif, ainsi que le pigeon volant ou *messager*.

Il y a une foule d'autres jolies espèces, très-productives ; mais je répète que je ne puis parler ici de toutes les espèces.

Lorsqu'on achète des pigeons pour peupler une volière, il faut qu'ils soient tout au plus de l'année précédente, qu'ils aient le plumage fourni et brillant, les pattes d'un beau rouge, sans écailles blanchâtres, l'œil vif et net, et que lorsqu'on étend leurs ailes, ils les rapprochent avec force et vitesse.

2. — De la volière.

Une partie de ce que j'ai dit à l'article *Colombier* peut se rapporter à la *Volière;* seulement, comme la volière est toujours beaucoup moins étendue, elle peut être faite et entretenue avec plus de soin encore. Par exemple, il est convenable de ne pas placer plusieurs nids les uns au-dessus des autres, et, dans ce cas, l'échelle tournante devient inutile.

La volière doit être nettoyée au moins une fois tous les mois, parce que les pigeons de volière l'habitent bien plus que les pigeons fuyards n'habitent leur colombier. Il ne faut jamais négliger de fermer la porte le soir, car les fouines, les belettes, les rats et même les oiseaux de proie pourraient en profiter pour faire aux pigeons une guerre acharnée. Il faut employer tous les moyens imaginables pour les préserver de ces terribles ennemis; il est même prudent de garnir d'ardoises le mur au-dessous de la porte, afin de mettre un obstacle invincible à leur invasion.

Il faut toujours veiller, en toute saison, à ce que les pigeons de volière ou *mignons* soient nourris abondamment, parce que leur ponte est très-fréquente ; on la ferait cesser à l'instant si on négligeait de leur donner à manger. Cependant, dans le temps où les grains abondent dans les champs, on peut diminuer leur ration, mais jamais la supprimer entièrement. En conséquence, une trémie est un meuble indispensable, surtout au moment de la plus forte ponte. Dans les mois de novembre et décembre, on peut se borner à leur donner à manger une fois par jour ; en janvier, il faut leur donner de préférence du chènevis et de la vesce, qui les échauffent et les disposent à commencer leur ponte en janvier ou février. La pompe doit être aussi toujours garnie de bonne eau claire.

Comme les pigeons mignons ne s'écartent pas de leur demeure, il faut placer aux environs une ou deux petites augettes peu profondes, dans lesquelles on tient toujours de l'eau propre. Ils se baignent souvent, ce qui est très-nécessaire à leur santé.

On ne doit pas négliger non plus de placer toujours des morues sèches dans la volière.

Si l'on a l'intention de ne pas laisser sortir les pigeons, ce que l'on fait ordinairement pour les volières que l'on entretient dans les villes, on pratique en avant de la volière, du côté exposé au midi, une espèce de grande cage en fil de fer, où les pigeons vont prendre l'air, s'ébattre et se réchauffer au soleil. Dans ce cas, il est nécessaire de donner aux pigeons du blé germé et des herbages, comme de la salade, de l'oseille, etc.

La volière se peuple comme nous l'avons indiqué pour le colombier. Elle réclame aussi les mêmes soins, et il faut chercher à rendre ses habitants très-familiers, ce qu'il est facile d'obtenir en leur donnant souvent à manger à la main. Les nids doivent être nettoyés scrupuleusement à chaque couvée.

Souvent il arrive que les pigeons de volière ne préparent pas eux-mêmes leurs nids ; il faut donc y pourvoir à l'avance en y mettant de la paille fraîche un peu brisée et placée en rond. Faute de ce soin, les pigeons pondent à nu, et leurs œufs se refroidissent très-facilement.

Il est facile d'observer dans les pigeons de volière les couples qui ne font qu'un œuf, ou dont un seul des deux œufs produit un pigeonneau ; si cet accident se renouvelle, il faut supprimer le couple. On peut savoir quels sont ceux qui sont les plus productifs et les plus habiles à soigner leur progéniture ; on sacrifie ceux qui manquent à leur devoir, car, si une volière n'est pas très-productive, elle est fort coûteuse.

Lorsqu'un accident quelconque prive de leurs parents de jeunes pigeonneaux, on peut les élever en leur faisant manger une pâtée composée de farine des grains dont on nourrit les pères et mères. Mais ces pigeons, à moins qu'on ne tienne beaucoup à leur espèce, ne devront pas être conservés, parce qu'élevés artificiellement, ils ne seront jamais aussi beaux que les autres.

Il faut veiller à ce que le nombre des mâles soit toujours pareil à celui des femelles, car il suffit d'un mâle isolé pour mettre le trouble dans toute la famille. Il y aurait moins d'inconvénient à ce qu'il manquât un mâle : la femelle serait fécondée par les autres mâles, et pourrait encore élever des couvées ; mais, comme elle serait seule pour soigner ses petits, ils ne se développeraient ni aussi vite ni aussi bien que les autres.

Si l'on veut obtenir un croisement, il suffit de prendre le mâle et la femelle qu'on veut croiser ensemble, et de les enfermer ensemble dans une chambre à part. Quelquefois ils ne se conviennent pas et se battent assez longtemps ; mais bientôt la nature prend le dessus, et ils s'accouplent. Cependant il y a des femelles qui refusent obstinément un vieux mâle.

Les pigeons mignons conservent leur fécondité beaucoup plus longtemps que les pigeons fuyards, et seulement parce qu'ils sont mieux nourris ; elle peut durer jusqu'à dix ou douze ans ; mais le mieux est de les supprimer plus tôt, et je pense qu'il ne faut pas les garder au delà de six à sept ans. Cependant il arrive que, lorsque les pigeons ont perdu leur fécondité, ils emploient leur temps à seconder les autres pigeons dans leurs soins de famille, et viennent au secours des jeunes pigeons qui demandent souvent inutilement à manger à leurs parents, lesquels, ayant deux couvées à soigner, ne peuvent suffire à ce double travail et ne servent pas leurs petits chaque fois qu'ils le demandent. Ils est très-touchant de voir ces vieux parents venir au secours de leur arrière-progéniture.

Afin d'éviter que les pigeons perdent leur temps à couver des œufs clairs, ce qui arrive quelquefois, même aux habiles, il est convenable de mirer les œufs lorsqu'ils sont à moitié couvés, ce qui est très-facile. Pour cela, on les met dans la main gauche, et on place dessus la main droite sur champ, de manière que l'œuf soit entouré d'un cercle obscur, absolument comme le verre d'une lunette, en plaçant une lumière derrière ; on regarde l'œuf avec soin ; si on aperçoit un point plus foncé du côté du gros bout, c'est que l'œuf est bon. Quelques personnes se figurent que, si l'œuf est bon, à mesure qu'il approche de l'époque de l'éclosion il acquiert du poids ; c'est une erreur grossière : l'œuf, au contraire, perd de son poids à mesure qu'il est couvé, il s'évapore une grande quantité de liquide, qui est remplacé par des corps plus légers, comme la plume, les os et la chair.

Si l'on voulait avoir des pigeons d'une espèce étrangère à la volière, on pourrait substituer des œufs à une paire de pigeons couvants ; quelquefois ils sont dupes de cette manœuvre, mais pas toujours.

Il est facile de reconnaître quels sont les vieux couples pour les supprimer : ils ont les pattes couvertes d'écailles blanches au lieu de les avoir d'un beau rouge, le bec est mince, effilé et crochu, leur paupière est éraillée, leur œil terne, enfin leur plumage est moins frais.

Il est convenable que les jeunes couples destinés à repeupler la volière en soient retirés aussitôt qu'ils peuvent se passer de leurs parents, parce qu'ils conservent l'habitude de les poursuivre pour avoir à manger, bien qu'ils puissent se passer de leurs secours, et troublent leur nouvelle couvée. On les enferme dans une chambre séparée jusqu'à ce qu'ils aient oublié les soins maternels.

Les pigeons de petite espèce commencent à s'accoupler à quatre ou cinq mois ; ceux d'espèce plus grosse, à cinq ou six mois.

3. — Engraissement des pigeonneaux.

J'ai parlé de l'époque convenable pour prendre et livrer à la consommation les jeunes pigeons. Voici le moyen de les engraisser.

Il faut les prendre avant que leur plumage soit entièrement poussé, alors qu'ils commencent à se placer sur le bord du nid. On les pose dans un panier plat, garni de paille, et on le couvre d'une toile épaisse, afin de les priver de lumière. Trois ou quatre fois par jour, et principalement le matin de bonne heure et le soir avant le soleil couché, on leur fait avaler, en leur ouvrant le bec avec précaution, depuis cinquante jusqu'à quatre-vingts et même cent grains de maïs détrempé depuis vingt-quatre heures dans de l'eau, ou, ce qui est encore mieux, après l'avoir fait bouillir pendant trois ou quatre heures dans de l'eau. Lorsqu'un pigeon a mangé, on le place dans un autre panier préparé de même à l'avance. On prend un second pigeon et on procède de même. Par ce moyen, on s'assure d'abord qu'on a fait manger toute la famille, puis on la transporte dans une demeure propre. Sans ce soin, ils prennent une odeur de fiente insupportable.

Au bout de cinq à six jours, les pigeonneaux sont parfaitement gras. On peut remplacer le maïs par de la vesce ou du blé noir.

CHAPITRE III

MALADIES

Penser à soigner les pigeons malades d'un colombier serait penser à une chose impossible. Quant aux pigeons de volière, on peut quelquefois les traiter, mais la plupart de leurs maladies sont incurables. Cependant, si je ne donnais pas au moins la nomenclature des maladies des pigeons, on considérerait cette omission comme un oubli qui ferait mal préjuger de mon ouvrage, et pourtant je garantis qu'on ne guérira pas un pigeon sur mille. Je vais donc indiquer le nom et le principal symptôme des maladies, et décrire le traitement de celles qui sont guérissables.

En général, il est prudent de tuer les pigeons malades, parce que leurs maladies sont très-souvent contagieuses, et pour chercher à guérir un pigeon, on court le risque de voir plusieurs autres pigeons atteints du même mal.

La *mue* est la chute des plumes, lesquelles se renouvellent chaque année. La mue rend le pigeon triste et sédentaire. Lorsque les pigeons sont bien soignés, il faut laisser faire la nature, les bien nourrir, et la crise se passe. Dans une volière mal tenue, beaucoup de pigeons périssent lors de la mue.

L'*avalure* est une tumeur provenant d'un défaut de conformation dans les organes sexuels; c'est un accident qui peut arriver à tous les âges chez la femelle. On constate l'avalure en pressant avec soin l'abdomen du pigeon malade. Elle est incurable.

La *harde*, chez les femelles, est un vice qui leur fait pondre des œufs sans coquille. Cela vient ordinairement (quand ce n'est pas un défaut naturel qui est incurable) de ce que la femelle a pondu trop souvent, par un accident quelconque qui lui a fait perdre ses couvées; il faut alors lui faire couver les œufs d'autres pigeons ou même des œufs clairs. Si, à la ponte qui suivra cette couvée, les œufs sont encore *hardés*, il faut détruire le couple.

L'*apoplexie* tue un pigeon dans un instant; il tombe comme foudroyé. S'il ne succombe pas tout de suite, on peut lui couper deux ongles, et mettre tremper la patte dans de l'eau un peu chaude. Si on obtient une émission sanguine, l'animal est presque toujours sauvé.

L'*indigestion* arrive lorsque, après un long jeûne, on donne imprudemment à un pigeon trop de nourriture à la fois. On peut tenter de faciliter sa digestion par un peu d'ail qu'on lui fait avaler de force, ou un peu d'eau mêlée de vin et fortement sucrée. Si on ne réussissait pas, il faudrait recourir à une opération qui consiste à ouvrir le jabot et à en extraire les aliments, puis à le recoudre. Cette opération est presque toujours mortelle.

Le *chancre* est une maladie contagieuse. Le pigeon est triste et a le bec plein de mucosités jaunes : il faut tuer le couple, nettoyer et laver le nid avec le plus grand soin.

Le *ladre*. Lorsqu'un couple de pigeons perd ses petits trop tôt, il lui reste quelquefois dans le jabot des aliments préparés pour eux, car les pigeons commencent la digestion des aliments avant de les dégorger à leurs petits. Il faut leur donner une autre paire de pigeonneaux de l'âge des leurs. S'ils l'acceptent, ils sont sauvés, sinon, le mal est incurable. On peut cependant tenter une diète absolue. Les pigeons atteints du ladre sont tristes, et leur peau se couvre d'une foule de petits boutons. Leur jabot est rempli d'une espèce de pâte liquide.

Le *torticolis*, qui n'a pas besoin d'être décrit, puisqu'on l'aperçoit aux mouvements de torsion du cou de l'oiseau, est incurable et héréditaire. Il faut tuer l'oiseau atteint.

L'*épilepsie* se caractérise chez le pigeon comme chez l'homme; elle est incurable.

La *goutte* attaque les vieux pigeons surtout; elle est causée par la mauvaise tenue des colombiers. Il faut nettoyer le nid avec soin pour éviter la contagion du mal; mais les pigeons atteints ne guérissent jamais.

Le *dévoiement* est la suite d'une mauvaise nourriture. Il faut l'améliorer en donnant de la vesce, de l'orge et autres grains de bonne qualité.

Les *vers* attaquent quelquefois ces oiseaux, surtout à l'anus. Incurable.

Il arrive quelquefois que presque tous les pigeons d'un colombier, ou même d'une ville, deviennent languissants et meurent; cela tient à une nourriture malsaine qu'ils vont chercher au dehors. Il faut tâcher de la découvrir et de la soustraire à l'avidité des pigeons, ce qui est presque impossible, ou nourrir les pigeons au colombier sans les laisser sortir, ce qui n'est guère plus praticable.

CHAPITRE IV

PRODUITS

Comme je l'ai dit précédemment, les pigeons fuyards font d'assez grands dégâts dans les champs, surtout dans les cultures récentes. Ce n'est pas tant par le grain qu'ils mangent que par la quantité de semences qu'ils détruisent lorsqu'elles commencent à germer. Il est donc à désirer que les colombiers soient interdits ou au moins réduits à une proportion en rapport avec l'étendue de la propriété à laquelle ils appartiennent. Leurs produits consistent en pigeonneaux et en fiente appelée colombine. Ils coûtent peu au propriétaire et sont d'un assez bon rapport : c'est le public qu'ils ruinent. Quant aux pigeons de volière, ils ravagent peu, parce qu'ils sont convenablement nourris; ils s'éloignent peu, leurs courses sont des promenades. Les pigeons de volière conviennent surtout à une petie exploitation, parce qu'ils réclament des soins fréquents qu'on ne pourrait pas leur donner dans une grande exploitation, où les travaux de tout genre abondent. Ces pigeons sont aussi beaucoup plus productifs, et leurs petits sont d'une qualité très-superieure à celle des pigeons de colombier.

Pour nourrir les pigeons de volière avec avantage, il faut qu'on puisse se procurer à bas prix les grains qui les nourrissent. S'ils coûtent plus de 2 francs le double décalitre, on sera en perte, car il faut bien se persuader qu'il serait inutile de réduire leur nourriture lorsqu'elle est d'un prix élevé, les produits se réduiraient en proportion. Il paraît que chaque paire peut consommer à peu près quarante litres de grain par an, ce qui fait quatre francs. Des pigeons nourris avec cette abondance couvent avec succès. Bien qu'ils puissent faire sept à huit et même neuf couvées par an, il ne faut compter que sur six couvées en moyenne, car le chapitre des accidents est grand là comme ailleurs. Or, le prix des pigeons varie beaucoup, selon la localité; il peut varier de 75 centimes à 1 franc 50 la paire.

Prenons un terme moyen de 1 fr. par paire, ce qui donne.		6 » »
Ajoutons pour la colombine.		» 50
Le total du produit sera de. . . .		6 50
Déduisons de ce produit la nourriture. . . .	4 » »	4 50
Les frais généraux.	» 50	
Il resterait pour bénéfice net par paire.		2 » »

Ce bénéfice serait très-beau s'il n'était singulièrement réduit par une foule d'accidents, comme les maladies, les dégâts causés par les animaux nuisibles, et la nécessité de garder un certain nombre de jeunes pigeonneaux pour remplacer les vieux.

Le plus grand avantage de l'élèvage des pigeons, dans une maison de campagne, c'est de fournir un mets sain, agréable et toujours prêt. Dans une grande exploitation, on emploie pour leur nourriture une foule de grains qui seraient presque sans valeur, comme les graines provenant du marc de raisin, les graines de pin et de soleil, des restes de graines, de pois de jardin, des criblures de lentilles, même des pommes de terre bouillies et écrasées. Alors on peut compter sur un bénéfice plus considérable.

SEPTIÈME PARTIE

LE LAPIN

Les abus qui résultaient autrefois de la trop grande quantité de lapins entretenus dans des garennes libres avaient, à juste titre, excité les plaintes des cultivateurs. Les seigneurs avaient alors le droit exclusif de chasser, et la loi punissait des peines les plus sévères le paysan qui se permettait de tuer le lapin qui mangeait sa récolte. A l'époque de la révolution de 89, où tant d'abus furent atteints et détruits, les garennes libres n'échappèrent pas aux réformateurs; et si quelques lapins, plus rusés que les autres, n'avaient su fuir le carnage, cette race précieuse et féconde serait détruite. Aujourd'hui que le temps a rendu à chacun ses droits, sans abus, les lapins ont repeuplé les lieux qui convenaient à leurs habitudes; le nombre et l'ardeur des chasseurs en restreint la quantité, et bien que la loi sur la chasse ait classé les lapins parmi les animaux nuisibles, ils restent dans des limites qui ne peuvent plus faire soulever de nouveau les peuples contre eux. Il est même des contrées et des lieux où l'on pourrait mettre quelques lapins sans inconvénient; ils s'y reproduiraient et fourniraient aux chasseurs un nouvel attrait, aux habitants du voisinage une alimentation excellente et peu coûteuse.

Nous allons d'abord traiter du lapin domestique, qui rentre mieux dans le cadre de cet ouvrage que le lapin de garenne, puis nous dirons un mot du lapin de garenne.

CHAPITRE I

LAPIN DOMESTIQUE

Le lapin est un petit quadrupède domestique très-précieux surtout à la campagne ; il donne beaucoup de produits à très-peu de frais, et a l'avantage d'offrir en toute saison un mets abondant, sain et peu coûteux. En général, on n'apporte pas à l'éducation des lapins les soins que ces utiles et féconds animaux méritent ; ils végètent malheureux et enfermés dans des lieux humides, obscurs et malsains ; et leur fécondité est souvent inutile, car leurs petits périssent en grande partie avant d'être bons à être mangés. Une bonne ménagère doit s'occuper de la conservation et de la multiplication de ce paisible et inoffensif animal, qui offre de grandes ressources à son ménage, et peut être vendu avec avantage sur les marchés.

L'état de domesticité a singulièrement développé la taille et le poids du lapin, mais elle lui a beaucoup fait perdre de la délicatesse de sa chair ; cependant, quand il a été bien soigné et bien nourri, c'est encore un bon aliment.

La fourrure du lapin domestique présente les couleurs les plus variées ; il y a des lapins gris, il y en a de roux, de noirs, de blancs et de panachés ; cela tient au croisement des races. Toutefois on a remarqué qu'il y a dans presque toutes les portées des lapins de couleur, un ou deux lapins gris de la nuance du lapin sauvage : le type primitif ne se perd pas.

1. — Choix d'une race.

Il y a trois races principales : le lapin *gris*, le lapin *riche* ou *argenté*, et le lapin *angora*. Ces trois races se subdivisent en un nombre infini de variétés.

a. — Lapin gris.

Le lapin *gris* n'est pas autre chose que le lapin sauvage dont l'état de domesticité a beaucoup développé la taille ; il y en a de très-gros, cela tient tout simplement à ce que depuis plusieurs générations ils ont été bien appariés et bien nourris. Il faut donc chercher à se procurer des lapins déjà gros, afin de s'éviter la peine d'améliorer la race, ce qui demande beaucoup de temps; et, s'ils sont bien nourris et bien soignés, ils s'amélioreront encore, tandis que s'ils souffrent, on les verra, au bout de cinq ou six générations, perdre une grande partie de leur taille et de leur poids. Il y a de grosses variétés de cette race, dont le mâle, lorsqu'il a été châtré, pèse jusqu'à 6 kilog.; mais, en général, ces races sont peu fécondes, sans doute parce que leurs proportions dépassent les conditions naturelles. Une race de moyenne grosseur est donc préférable.

b. — Lapin riche ou argenté.

Fig. 30. — Lapin argenté.

Le lapin *riche* ou *argenté* a le poil plus soyeux, plus fourni et plus long que le lapin commun; son poil est gris-blanc, tacheté de poils noirs, et donne à la lumière des reflets brillants qui rappellent un peu le miroitage de l'argent poli, c'est ce qui lui a valu le nom de lapin *argenté*. Les lapereaux de cette race sont d'abord d'une couleur foncée qui se rapproche assez de l'aventurine, le ton de leur fourrure se transforme peu à peu pour prendre la couleur argentée qui distingue la race; sa fourrure est employée en pelleterie, et a beaucoup plus de valeur que la fourrure des lapins communs. Il peut aussi atteindre des dimensions extraordinaires, si l'on choisit avec soin les sujets destinés à la reproduction, et qu'on les nourrisse bien.

La lapine (fig. 30) qui a été fort admirée au concours agricole universel de Paris, était certainement deux fois plus grande qu'une lapine ordinaire; le lapin riche est bon à manger, mais je le crois moins rustique que le lapin commun.

c. — Lapin angora.

Le lapin *angora* a les poils longs, soyeux, ondoyants et légèrement frisés; ils sont d'un blanc gris-perle ou d'un roux clair, et toujours fort abondants; on peut peigner deux fois par an les lapins de cette race, leur dépouille a une valeur dans le commerce. Ces lapins ont la chair plus délicate que les autres, bien qu'ils leur cèdent peu en grosseur.

Il y a aussi une espèce de lapin blanc qui a la tête noire et qu'on élève pour sa fourrure; il se vend à un prix élevé, mais il est petit et ne peut être considéré comme bête de basse-cour. Son élevage est une spécialité.

d. — Lapin métis.

Du mélange de ces races il est résulté des lapins qui participent de toutes, sans appartenir spécialement à aucune race : leur poil est varié de couleur, et leur taille est moyenne. Ces espèces de métis sont en général assez féconds, vigoureux et faciles à élever. Leurs produits varient beaucoup de couleur.

Les Anglais sont arrivés par des soins persévérants à obtenir des produits qui dépassent tout ce qu'on pourrait imaginer. Le lapin que nous représentons (fig. 31) a été élevé par M. Allsopp de Leicester; à l'âge de trois mois il pesait 4 kilog., à un an son poids était de 8 kilog. Ses oreilles, les plus longues que lapin ait jamais portées, avaient d'une extrémité à l'autre une longueur de $0^{m},56$; leur largeur était de $0^m,14$. Il était regardé comme le plus pesant et le plus fort des lapins connus jusqu'à ce jour. Il possédait toutes les qualités qui appartiennent aux meilleures variétés, comme la forme, la constitution, la couleur ; il a obtenu le premier prix à l'exposition des lapins qui a eu lieu à Londres en 1851.

Fig. 31. — Lapin métis.

On prétend que le lapin, quand il atteint ces énormes proportions, a une chair grossière, c'est une erreur ; sa chair est aussi bonne que celle des lapins d'une taille moins élevée, provenant de la même race et nourris des mêmes aliments.

On doit mettre le plus grand soin dans le choix des mâles et des femelles destinés à la reproduction ; il faut vendre ou tuer tous ceux qui ont des formes défectueuses, et conserver ceux dont les formes paraissent le mieux en harmonie, plus encore que les plus gros. Il faut qu'ils soient vifs, gais, et que, lorsqu'on veut les prendre, ils se débattent vigoureusement. Le mâle doit avoir le regard effronté ; cependant il y a des mâles qui sont si méchants, qu'ils battent et tuent parfois les femelles qu'on leur donne à couvrir, de même qu'il y a des femelles qui détruisent leurs petits. On ne doit jamais conserver des animaux qui ont ce caractère féroce. La douceur et la familiarité sont des qualités nécessaires aux animaux domestiques.

Il y a plusieurs manières d'élever des lapins, soit en les entretenant dans des loges, soit en leur donnant une cour fermée dans laquelle on leur a préparé des logements, mais où on les laisse libres.

2. — Disposition du clapier.

Ce qui empêche une foule de gens de s'occuper de l'élevage du lapin, c'est la mortalité fréquente qui enlève quelquefois des portées entières et décourage les éleveurs; elle est presque toujours due au défaut de soins, à des habitations malsaines et malpropres, à une mauvaise nourriture. Ces causes sont celles qui nuisent à presque tout le bétail de la France. On se plaint des vices des races, de leur pauvreté, et l'on ne cherche pas bien la cause du mal; elle est là.

Lorsqu'on veut voir prospérer les lapins, il faut leur donner une habitation convenable; il leur faut aussi une petite cour pavée, entourée de murs qui les mettent à l'abri des attaques des renards, des fouines, des chiens et des chats, et dont les fondations de $1^m,50$ de profondeur s'opposent à ce que les lapins, en fouillant, puissent pénétrer au dehors. Cependant cette profondeur de fondation n'est nécessaire qu'autant que la cour n'est pas assez bien pavée pour rendre les fouilles impossibles; elle doit être garnie de litière souvent renouvelée; le fumier des lapins est excellent, il paye largement la paille qu'on y consacre. Dans les pays où il y a de la marne, on doit toujours en mettre une couche dans la cour et l'habitation des lapins; elle absorbe parfaitement, non-seulement l'humidité, mais encore l'odeur. D'un côté du mur exposé au levant ou au midi, on fait un appentis sous lequel on établit les petites cabanes destinées à chaque femelle et aux mâles; il faut que l'appentis soit assez grand pour que, outre les cabanes, on puisse y placer la nourriture des lapins qui sont dans la cour, et qu'ils y trouvent un abri. Cette petite cour est destinée aux lapins assez forts pour vivre en commun, en attendant qu'ils soient en état d'être mangés.

Les cabanes doivent être à l'exposition du midi ou du levant, être élevées de $0^m,20$ à $0^m,25$ au-dessus du sol, et être construites soit en planches de bois dur, soit en fortes lattes mal jointes, afin de faciliter la circulation de l'air. On peut faire en tissus métalliques ou en treillage de fer les panneaux de la porte, qui doit être placée en avant. Le plancher de la cabane est en pente en arrière et percé de trous pour faciliter l'écoulement des urines; au moins doit-il y en avoir un rang au côté le plus bas du plancher. On pave avec soin un ruisseau qui a son écoulement dans une petite fosse à fumier qu'on établit en dehors du petit enclos. Si on dirige la pente en avant, on peut appuyer les cabanes contre le mur. Alors le ruisseau doit être placé en avant, et, dans tous les cas, lavé de temps en temps pour assainir le clapier, car l'urine des lapins est infecte.

Chaque cabane doit avoir $0^m,75$ ou 1 mètre en carré, et être garnie d'un petit râtelier pour recevoir la nourriture, afin que les lapins ne la foulent pas aux pieds, car alors ils ne la mangent plus. Il faut aussi avoir de petites augettes mobiles en bois, longues, étroites et peu profondes, dans lesquelles on donne certains aliments aux lapins. On peut remplacer les augettes par des sébiles en bois ou mieux en terre cuite. On construit deux cabanes plus grandes que les autres pour y mettre les jeunes lapins en commun lorsqu'on les élève, et avant qu'ils soient assez forts pour être mis en liberté dans la cour.

Si l'espace manque, on peut établir un second rang de cabanes au-dessus des autres, en ayant soin qu'elles les dépassent un peu du côté où doivent s'écouler les urines, qui, grâce à cette précaution, n'incommodent pas les lapins placés au-dessous. Les cabanes doivent être garnies de litière et souvent nettoyées.

Si l'on ne peut pas faire construire des clapiers aussi bien disposés, il faut s'en rapprocher le plus possible et avoir des cases séparées pour les mères avec leurs petits, et un logement commun pour les lapins après le sevrage; il faut surtout tenir l'habitation parfaitement propre, à l'abri de l'humidité, aérée, et, comme je l'ai dit, mettre sous la litière une couche de marne. On enlève le fumier au moins une fois par semaine. On prend grand soin de ne pas déranger le nid des lapines lorsqu'on enlève la litière; à cet effet, il est très-convenable de lui faire un petit entourage de planches peu élevées qu'on assujettit avec des piquets placés en terre. Lorsque les petits ont quitté le nid, on enlève ce petit rempart pour nettoyer convenablement la place qu'occupait le nid.

5. — Multiplication, portée. Soins à donner aux lapines et aux lapereaux.

Une lapine porte trente à trente et un jours, et peut être livrée au mâle à l'âge de six mois. Le mâle doit être tenu dans une case particulière; sa nourriture doit être abondante et substantielle; de la beauté et de la vigueur du mâle dépend surtout la beauté de sa progéniture. On lui donne la femelle le soir, et on la retire le matin; ordinairement une nuit suffit pour qu'elle soit pleine; cependant il arrive quelquefois qu'elle ne l'est pas, parce qu'elle n'était pas disposée à recevoir le mâle. Si au bout de trois semaines on ne lui voit point prendre de l'embonpoint, et qu'en l'examinant on ne trouve pas ses petites mamelles un peu développées, c'est qu'elle n'est pas pleine. Il y a des femelles qui ont plus ou moins d'aptitude à la reproduction. On doit élaguer celles qui ne retiennent pas facilement ou qui avortent, ce qui est fréquent. Lorsque la femelle est revenue du mâle, elle doit être bien nourrie, et, un peu avant le part, il faut lui donner une litière abondante et bien sèche, et nettoyer parfaitement sa cabane.

Si on a un grand nombre de femelles, il faut mettre un numéro à chaque cabane et inscrire sur un petit registre, destiné à cet usage, quel jour chaque lapine est allée au mâle : c'est le seul moyen de bien diriger son clapier. Sans ce soin, il y a confusion, et on peut remettre au mâle une lapine qui y est déjà allée, ce qui cause presque toujours un avortement ; de même qu'en ne sachant pas l'époque de son part, on peut négliger les soins qu'elle exige, et ignorer même qu'elle a des petits, car si elle a abondance de litière, elle fera de grands efforts pour cacher son nid aux yeux de son ennemi né, l'homme.

Une lapine peut faire jusqu'à dix lapereaux ; elle ne pourrait pas les nourrir suffisamment, et on n'aurait que de chétifs produits, qui périraient en grande partie avant d'être adultes ; il faut donc visiter les lapereaux trois jours après leur naissance, on a soin de déranger le moins possible le nid, et de n'y laisser que les six plus beaux lapereaux. Si la lapine est jeune, vigoureuse et très-bien nourrie, on peut lui laisser huit petits ; si la lapine est très-jeune ou vieille, on ne lui en laisse que cinq au plus. On peut la remettre au mâle au bout d'un mois à cinq semaines, parce qu'alors les petits mangent bien ; on les lui laisse encore huit jours, et on les retire pour les mettre dans la case des plus jeunes lapereaux ; de cette façon, la mère a le temps de se remettre avant de faire son nid et la nouvelle portée, et elle n'est point dérangée par sa jeune famille, qui la troublerait beaucoup. Quelques mères détruisent leurs petits ; il faut les tuer sur-le-champ. Cependant, si la mère est une bête à laquelle on tienne beaucoup, on peut parfois la corriger en lui donnant une plus abondante et plus nutritive alimentation ; car il est possible qu'elle tue ses petits parce qu'elle n'a pas assez de lait pour les nourrir.

Un mâle, s'il est bien nourri, peut suffire à quinze lapines. Lorsqu'on ne veut élever des lapins que pour sa propre consommation, une ou deux lapines suffisent, à moins qu'on ait un ménage très-nombreux. Car, en comptant six portées par an à six ou huit petits, cela fait par lapine trente-six à quarante-huit lapins, ce qui forme une abondante provision.

Les lapins vivent huit à neuf ans ; mais on ne doit pas les garder au delà de trois à quatre ans. Pour connaître leur âge, on peut chaque année leur faire une petite fente à l'oreille, ou mettre une marque sur le numéro de leur cabane, ou y inscrire l'année de leur naissance,

Lorsque les lapins placés dans la cabane du sevrage sont assez forts pour aller dans la cour commune, il faut castrer les mâles; sans cela il y aurait un tapage terrible, et les lapins n'engraisseraient pas : ils couvriraient les jeunes femelles qui avorteraient, ou dont les portées seraient ravagées par les mâles, ce qu'ils font très-souvent, même à l'état sauvage. La lapine, à l'état sauvage, emploie toute sa ruse pour cacher aux mâles ses petits, parce qu'il les détruit très-souvent. L'opération de la castration est très-facile et se pratique comme celle du verrat et du chat. Les lapins en souffrent fort peu.

4. — Nourriture.

La nourriture du lapin influe sur son développement et sur le goût de sa chair, de même que la malpropreté, la petitesse et l'obscurité de la cabane. On est toujours disposé à trouver un goût de chou aux lapins domestiques, c'est plutôt un goût de fumier qu'ils contractent : le chou, lorsqu'il est alterné avec d'autres aliments, ne donne pas de mauvais goût.

Durant l'été, on peut nourrir les lapins avec une infinité d'herbes des jardins et des champs. La chicorée sauvage, cultivée à dessein pour eux, leur est salutaire; mais cependant il ne faut pas leur en donner en trop grande quantité; ils mangent avec plaisir le persil, la pimprenelle, etc.; enfin, si on a un grand nombre de lapins, on observe quelles sont les herbes qu'ils mangent de préférence, et on les cultive pour eux. La salade est trop aqueuse, à moins que ce ne soit la chicorée. Toutes les plantes des prairies artificielles leur conviennent, ainsi que les branches d'ormeau, d'acacia, de peuplier, de noisetier, etc., etc., ils les mangent jusqu'à l'écorce. Ils mangent bien le céleri, les épis tendres, les feuilles de maïs, les croûtes de pain. L'herbe mouillée leur est funeste. Il vaut mieux, si cela est nécessaire, les laisser un peu jeûner que de leur en donner. On leur donne au moins trois fois par jour à manger, et leurs repas du soir et du matin doivent leur être distribués à des heures réglées. Ils doivent *toujours avoir à boire de l'eau claire,* dans une petite augette tenue bien propre.

On cite souvent le serpolet comme une nourriture parfaite pour les lapins. Je ne sais pas si les lapins sauvages le mangent, mais les lapins en clapier s'en soucient peu. Les lapins mangent avec grand plaisir tous les grains, surtout l'avoine et l'orge; cette nourriture est excellente, mais trop coûteuse pour leur être donnée souvent. Cependant une petite ration d'avoine donnée tous les jours aux lapins à l'engrais ou à ceux qui ont beaucoup de femelles à servir, aux mères qui allaitent, surtout vers la fin de l'allaitement, et enfin aux jeunes lapereaux, leur fait le plus grand bien et assure en quelque sorte le succès de la portée; un demi-décilitre par lapin et par jour est suffisant, ce n'est pas une grande dépense.

L'hiver on les nourrit avec des regains de prés naturels ou artificiels : ils aiment beaucoup le sainfoin, le chou et les racines de toute espèce, comme carottes, betteraves, navets, panais, pommes de terre, topinambours, etc., etc.; c'est surtout dans cette saison qu'il ne faut pas négliger de leur donner à boire. Il convient aussi de varier leur nourriture; c'est très-important pour la qualité de leur chair. On peut exciter l'appétit de ceux qui sont à l'engrais en ajoutant un peu de son à leur provende.

On place sous la partie de l'appentis destinée à abriter les lapins qui habitent la cour, un petit râtelier doublé et mobile, suspendu à hauteur convenable pour que les fourrages soient à leur portée, puis on suspend également une petite augette dans laquelle on place les racines et le son. L'hiver on peut y faire une petite meule de fourrages variés, et la placer sur quelques brins de fagots bien secs pour la préserver de l'humidité; les lapins en mangent successivement la partie extérieure.

Lorsqu'on veut prendre un lapin, on examine et on choisit celui qui paraît le plus gras, et on jette sur lui, au moment où il mange, un petit filet ou une toile.

5. — Maladies.

1. *Indisgetion.* Il faut éviter de donner aux lapins une grande quantité d'herbes très-succulentes, comme des choux, du céleri, des liserons, des laiterons, de la chicorée sauvage, des salsifis, etc.; un grand nombre de lapins meurent d'indigestion : il convient donc de varier leur nourriture.

2. *Gros ventre.* Les lapins sont souvent attaqués d'une maladie qui est occasionnée par un amas d'eau dans la vessie, et qu'on appelle *gros ventre*. C'est pour cela qu'on a pensé qu'il ne fallait pas leur donner à boire, ce qui est une erreur grossière. Lorsqu'on voit les lapins atteints de cette maladie, il faut les placer dans une cabane séparée et ne leur donner que des aliments secs, quelques herbes aromatiques, comme céleri, persil, fenouil, pimprenelle, etc., et saler leur boisson.

3. *Gale.* Parfois aussi ils sont atteints d'une maladie de peau et se couvrent d'une gale contagieuse. Il faut sacrifier immédiatement ceux qu'on voit attaqués : ce mal est incurable et très-contagieux.

4. *Mal d'yeux*. Les petits sont sujets à un mal d'yeux qui les attaque pendant l'allaitement et les fait périr en peu de temps; il est dû aux exhalaisons du fumier en fermentation. Aussitôt qu'on s'en aperçoit, il faut les changer de cabane et les mettre sur une litière fraîche et sèche; mais dans un clapier bien tenu, cette maladie est inconnue, et en général des lapins bien logés, tenus proprement à une exposition chaude (ceci est essentiel), ne sont que fort rarement malades.

6. — Manière de tuer et de préparer les lapins.

Lorsqu'on doit porter des lapins au marché, il faut les tuer comme on a coutume de le faire, en les frappant vivement derrière les oreilles avec la main; mais lorsqu'on doit les manger, il est préférable de les saigner sous le cou, comme les poulardes. On recueille le sang si le lapin est destiné à faire un civet. La chair du lapin saigné est plus blanche, plus ferme et de meilleur goût que celle du lapin *frappé*. Lorsque le lapin est dépouillé et vidé, si on veut parfumer sa chair, on remplit l'intérieur du corps avec des herbes aromatiques pilées ou hachées et mêlées avec un peu de poivre et de sel, auquel on peut ajouter un peu de beurre. On peut aussi, huit jours avant de le tuer, le nourrir avec les mêmes herbes, telles que persil, estragon, pimprenelle, carottes; au moyen de ces précautions, on donne à sa chair une saveur tellement semblable à celle du lapin de garenne, que les gourmets s'y méprennent.

7. — Produits.

Les produits des lapins consistent dans leur chair, leur peau et leur fumier. Un beau lapin gras peut se vendre jusqu'à 1 fr. 50, et à ce prix il y aurait avantage à en élever, car ils sont bons à être vendus à six ou huit mois. Mais leur débit n'est pas facile, et on ne vend pas un grand nombre de lapins, à moins qu'on n'habite près de Paris ou d'une grande ville; cependant, si on élevait de bons lapins, on finirait par le savoir dans le voisinage, et ils se vendraient bien; mais il faudrait le faire connaître. Il y a aussi des pays où les lapins de clapier se vendent plus facilement que dans d'autres, parce qu'on a l'habitude d'en manger. La nouvelle loi sur la chasse peut être aussi un obstacle à leur vente en temps prohibé. Cette loi n'est pas exécutée avec la même rigueur dans tous les départements; mais dans ceux où elle est exécutée rigoureusement, la vente des lapins domestiques ne peut avoir lieu que durant le temps de la chasse. Si on veut se livrer à l'élevage du lapin, il faut donc préalablement obtenir de l'autorité l'autorisation de la vente; car, le lapin donnant des produits toute l'année, on peut se trouver encombré si la vente n'est permise que pendant un certain temps. Quant à l'avantage qu'il y a à en élever pour la consommation d'une famille nombreuse, il n'est pas douteux. La nourriture des lapins est peu coûteuse, et grandement payée par leur chair.

La peau des lapins a perdu une grande partie de sa valeur par l'emploi de la soie à la fabrication des chapeaux. Avant cette invention, le poil du lapin était employé à la fabrication des chapeaux communs. Cette fabrication est aujourd'hui très-restreinte, et les peaux se vendent à vil prix. Quant au poil qu'on recueille sur les lapins angoras, il peut avoir une certaine valeur; je ne la connais pas, mais il faut un grand nombre de lapins pour en produire seulement 2 ou 3 kilog. Les lapins angoras se vendent moins bien au marché que les lapins communs.

Le fumier de lapin est de très-bonne qualité et très-abondant relativement à la quantité de nourriture que le lapin consomme. On ne doit donc pas ménager la litière à des animaux auxquels elle est si nécessaire, et qu'on en laisse presque toujours manquer, ce qui nuit considérablement à leur développement, à leur santé et au bon goût de leur chair.

Voir pour le commerce des lapins l'article *Marché de la Vallée* page 76.

CHAPITRE II

GA ENNES FORCÉES

Le lapin sauvage ou de garenne est de taille moyenne, sa fourrure est grise, sa chaire est plus délicate et plus parfumée que celle du lapin domestique, aussi est-elle beaucoup plus recherchée.

On est parvenu à l'élever dans des enclos placés dans des lieux convenables et qu'on appelle garennes forcées.

Pour établir une garenne forcée on choisit de préférence un terrain inégal ou montueux, exposé au midi ou au levant. Il est indispensable que la terre ait assez de pente pour que l'eau ne séjourne pas dans la garenne; le sous-sol ne doit pas être argileux et compacte, ou composé de roches que les lapins ne pourraient percer: les côtes sablonneuses ou calcaires conviennent le mieux. Une terre très-fertile ne convient pas pour une garenne forcée; les lapins y trouvent des herbages trop succulents, et qui donnent à leur chair le goût de la chair des lapins de clapier. Il ne faut pas non plus que le terrain soit composé d'un sable trop mouvant, parce que les lapins ne pourraient pas y faire de terriers solides, et que d'ailleurs la végétation serait nulle. Il est donc important de sonder le terrain avant de se décider à faire les frais d'une garenne forcée. Il est aussi indispensable que les lapins aient dans leur garenne un petit cours d'eau ou une mare alimentée par les eaux pluviales, ce qui est facile au bas d'une pente.

Le plus difficile et le plus dispendieux de cet établissement est la clôture de la garenne. Elle peut consister d'un ou de deux côtés en fosses qu'on tient pleines d'eau; mais des autres côtés il faut nécessairement des murs, puisque nous avons dit qu'il fallait un terrain en pente. Il faut que ces murs aient environ 2 mètres de hauteur, et que leur fondation pénètre jusqu'à 1 mètre et plus dans le sol; et encore, si le sous-sol n'est pas dur, on sera exposé à perdre des lapins.

Pour peupler une garenne, on peut y mettre des lapins pris au filet, ou même des lapins domestiques, qui prennent bientôt les habitudes sauvages : un mâle suffit à trente femelles. On pourrait aussi y lâcher les lapins de clapier lorsqu'il y a une quinzaine de jours qu'ils sont sevrés.

Si la garenne n'est pas plantée, il faut y faire des plantations un ou deux ans à l'avance, et choisir des arbres dont les lapins mangent les feuilles et les fruits, comme les poiriers et pommiers sauvages, les pruniers, les cormiers, les cornouillers, les ormes, les châtaigniers, les genévriers, les hêtres, etc. Un an avant de faire habiter la garenne, on favorise la végétation des herbes qui couvrent le sol en les fumant avec un fumier bien consommé ; malgré tous ces soins, comme les lapins sont toujours surabondants dans une garenne, il faut leur donner une nourriture supplémentaire, surtout pendant l'hiver et les temps de neige. Elle se composera des mêmes plantes que pour les lapins domestiques. On peut même construire un petit toit sous lequel on dépose la nourriture et où elle est à l'abri du soleil et de la pluie. C'est surtout dans une garenne qu'on peut faire de petites meules, comme je l'ai indiqué.

Il faut s'abstenir de tirer au fusil les lapins de la garenne forcée, cela mettrait un grand trouble dans cette petite république; il ne faut pas non plus employer le furet, qui trouble les portées. On prend les lapins au panneau; lorsqu'on l'a tendu, on bat la garenne en chassant les lapins du côté du piége, ils s'y prennent en foule. On doit toujours détruire le plus de mâles possible dans une garenne, parce qu'ils font souvent la guerre aux femelles et à leurs petits.

On doit proportionner le nombre des lapins à la grandeur de la garenne. Si on la laissait se trop peupler, les lapins s'entre-tueraient et manqueraient de nourriture, à moins qu'on y subvînt abondamment; en outre, ils contracteraient les maladies des lapins de clapier et mourraient en masse.

Les lapins de garenne forcée valent mieux que ceux de clapier, mais ne valent pas les lapins sauvages.

FIN.

TABLE DES MATIÈRES

EXTRAIT DU CATALOGUE DE LA LIBRAIRIE AGRICOLE

ABEILLES. Éducation et Ruche française, par VAREMBEY, 1 vol. in-8. . . . . 1 75
AGRICULTURE (Cours d'), par DE GASPARIN, cinq vol. in-8 et 253 gravures. . . 37 50
AMENDEMENTS (Traité des), par PUVIS, 2e édit., 1 vol. in-12 de 448 pages. . 3 50
BON JARDINIER (Le) Almanach pour 1858, par MM. POITEAU, VILMORIN, BORIE, NAUDIN, NEUMANN, PÉPIN, 1 vol. in-12 de 1,644 pages. . . . . 7 »
CACTÉES (Monographie et culture des), par LABOURET, 1 vol. in-12 de 732 p. 7 50
CAMELLIA (Monographie et culture du), par BERLÈSE, 1 v. in-8 et 7 planches. 5 »
CHIMIE AGRICOLE, par le docteur SACC, 2e édit., 1 vol. in-12 de 480 pages. 3 50
CONSTRUCTIONS RURALES, par DUVINAGE, 2e édit., 472 pages, 181 gravures. 5 50
DICTIONNAIRE D'AGRICULTURE PRATIQUE, par JOIGNEAUX, 2 v. gr. in-8. 18 »
DRAINAGE, par BARRAL, tomes I et II. . . . . 10 »
DRAINAGE (Traité du), par LECLERC, 1 vol. in-12 de 364 pages et 127 grav. 3 50
FLORE DES JARDINS ET DES CHAMPS, par LEMAOUST et DECAISNE, 2 v. in-8. 9 »
HORTICULTURE (Encyclopédie d'), 2e édition. 1 vol. in-4 de 500 pages avec 500 gravures (forme le tome V de la *Maison rustique*). . . . . 9 »
HORTICULTURE, par LINDLEY, 1 vol. grand in-8 de 450 pages et 37 gravures. 3 50
IRRIGATEUR (Manuel de l'), et *Code*, par VILLEROY, 384 pages in-8 et 121 grav. 5 »
IRRIGATION DES PRAIRIES, par KEELHOFF, 1 vol. texte et 1 vol. atlas . . 9 »
JOURNAL D'AGRICULTURE PRATIQUE, sous la direction de M. BARRAL, par MM. GASPARIN, BOUSSINGAULT, BORIE, LAVERGNE, MOLL, VILLEROY, VILMORIN. Un nº de 48 à 64 pages in-4 et nombreuses gravures, les 5 et 20 du mois.— Un an. 16 »
MAISON RUSTIQUE DU 19e SIÈCLE, cinq vol. in-4 et 2,500 gravures. . . 39 50
MAISON RUSTIQUE DES DAMES, par Mme MILLET, 2 vol. in-12, 230 gravures. 7 50
MANUEL GÉNÉRAL DES PLANTES, ARBRES ET ARBUSTES, Description, culture de 25,000 plantes indigènes ou de serre, 4 vol. à 2 colonnes. 36 »
REVUE HORTICOLE, par MM. BORIE, DU BREUIL, LECOQ, MARTINS, VILMORIN, etc. Un nº de 32 pages les 1er et 16 du mois, et nombreuses gravures.— Un an. . . 9 »
ROSES (Choix des plus belles), 1 beau vol. in-folio et 90 planches coloriées. . 79 »
VERS A SOIE (L'Éducateur de), par ROBINET, 1 vol. in-8 et 51 gravures. . . 3 50

BIBLIOTHÈQUE DU CULTIVATEUR, publiée avec le concours du Ministre de l'Agriculture.

EN VENTE : 18 VOLUMES IN-12, A 1 FR. 25 LE VOLUME, SAVOIR :

Travaux des champs, par BORIE. 230 pages et 130 gravures. 1 25
Fermage (estimation, plans d'améliorations), bail, par GASPARIN, 3e éd. 384 pag. 1 25
Métayage (contrats, effets, améliorations), par GASPARIN, 2e édition, 166 pages. 1 25
Sol et engrais, par LEFOUR, inspecteur de l'agriculture, 204 pages et 36 grav. . 1 25
Noir animal, par BOBIÈRE, 156 pages et 7 gravures. 1 25
Prairies, par DE MOOR, 212 pages et 77 gravures. 1 25
Houblon, par ERATH, traduit de l'allemand par NICKLÈS, 128 pages et 22 grav. . 1 25
L'Éleveur de Bêtes à cornes, par VILLEROY, 2e édit., 438 pages et 60 gravures. 1 25
Choix des Vaches laitières, par MAGNE, 2e édit., 120 pages et 8 planches. . . . 1 25
Animaux domestiques (zootechnie, hygiène, etc.), par LEFOUR, 180 p. et 55 gr. 1 25
Animaux domestiques (entretien, élevage, etc.), par LEFOUR, 220 p. et 89 gr. 1 25
Basse-cour, Pigeons et Lapins, par Mme MILLET, 4e édit., 180 pages et 25 grav. 1 25
Animaux utiles (domestication, par GEOFFROY ST-HILAIRE, 216 pag. et 23 grav. . 1 25
Géométrie agricole (dessin linéaire), métrage, par LEFOUR, 216 pag. et 150 gr. 1 25
Arithmétique et Comptabilité agricoles, par LEFOUR, 224 pages et 12 gr. . 1 25
Économie domestique, par Mme MILLET-ROBINET, 234 pages et 21 gravures. . 1 25
Conservation des fruits, par Mme MILLET-ROBINET, 144 pages. 1 25
Le Jardin du Cultivateur, par NAUDIN, 188 pages et 54 gravures. 1 25

TOTAL DES 18 VOLUMES. 22 50

BIBLIOTHÈQUE DU JARDINIER, publiée avec le concours du Ministre de l'Agriculture.

EN VENTE : 11 VOLUMES IN-12 A 1 FR. 25 LE VOLUME, SAVOIR :

Arbres fruitiers (taille et mise à fruit), par PUVIS, 2e édit., 220 pages. . . . 1 25
Greffe, par NOISETTE, 2e édition, 238 pages et 6 planches. 1 25
Pépinières, par CARRIÈRE, 144 pages et 16 gravures. 1 25
Asperge (culture naturelle et artificielle), par LOISEL, 2e édit. 108 pages et 6 grav. 1 25
Melon (culture sous cloche, sur butte et sur couche), par LOISEL, 3e édit.. 112 pag. 1 25
Plantes potagères (culture ordinaire et forcée), par VICTOR PAQUET, 402 pages. . 1 25
Dahlias, par PÉPIN, 2e édit., 156 pages et 36 gravures. 1 25
Œillet, par le baron DE PONSORT, 2e édition, 196 pages et 1 planche. . . . 1 25
Pelargonium, par THIBAULT, 108 pages et 10 gravures. 1 25
Plantes bulbeuses, par CH. LEMAIRE, 392 pages. 1 25
Chimie et Physique horticoles, par DEHERAIN, 120 pages et 11 gravures. . . 1 25

TOTAL DES 11 VOLUMES. 13 75

PARIS. — IMP. SIMON RAÇON ET COMP., RUE D'ERFURTH, 1.

www.ingramcontent.com/pod-product-compliance
Lightning Source LLC
Chambersburg PA
CBHW060604210326
41519CB00014B/3562

* 9 7 8 2 0 1 9 5 3 4 8 8 2 *